Daniel Markus
Der kleine Logistiker

Daniel Markus

DER KLEINE LOGISTIKER
LERNE DIE WELT DER SPEDITION UND LOGISTIK KENNEN

Impressum

Lektorat: Daniel Markus, Niddatal & ChatGPT
Umschlaggestaltung: Daniel Markus, Niddatal
Umschlagsbild: Daniel Markus, Niddatal
Bilder im Buch: Daniel Markus, Niddatal & Midjourney

Bibliografische Information der Deutschen Nationalbibliothek: Die Deutsche Nationalbibliothek verzeichnet diese Publikation in der Deutschen Nationalbibliografie; detaillierte bibliografische Daten sind im Internet über http://dnb.dnb.de abrufbar.

© 2023 Daniel Markus
Herstellung und Verlag: BoD – Books on Demand, Norderstedt
ISBN: 978-3-75787953-2

Inhaltsverzeichnis

Über den Autor

Daniel Markus, ein gelernter Verkehrsfachwirt, bringt mehr als 20 Jahre Erfahrung in der Speditions- und Logistikbranche mit. Er hat in renommierten Speditions- und Logistikbetrieben wie DHL und Hermes gearbeitet und ist über ein Jahrzehnt bei der ELVIS AG tätig. Seine umfangreiche Branchenerfahrung hat ihn dazu inspiriert, dieses Buch zu schreiben. Mit dem Ziel, der neuen Generation einen Einblick in die faszinierende Welt der Spedition und Logistik zu bieten, teilt Daniel in diesem Werk sein Wissen und seine Erfahrungen.

Kontakt:
www.linkedin.com/in/daniel-markus-44840b193

Anmerkungen zum Buch

Dieses Buch ist ein Zeugnis dafür, wie Technologie und Leidenschaft Hand in Hand gehen können. Obwohl ich mit Lese- und Rechtschreibschwäche kämpfe, hat die KI ChatGPT mir geholfen, meine Gedanken zu formulieren. Die Bilder, erstellt mit Midjourny, sollen die Texte lebendig machen. Ich hoffe, es inspiriert und ermutigt euch, tiefer in die Welt der Logistik einzutauchen.

ABC-Analyse: Ein einfaches Tool, um Dinge zu sortieren

Du kennst das sicher: Manchmal hast du so viele Dinge auf deiner To-do-Liste, dass du gar nicht weißt, wo du anfangen sollst. Hier kommt die ABC-Analyse ins Spiel, die dir dabei helfen kann, alles ein bisschen zu sortieren und Prioritäten zu setzen.

Stell dir vor, du hast einen Haufen bunter Murmeln. Einige sind aus Gold, andere aus Silber und der Rest aus normalem Glas. Natürlich sind die goldenen Murmeln am wertvollsten. Die ABC-Analyse funktioniert ähnlich:

- **A** - Dies sind deine "goldenen" Aufgaben oder Dinge. Sie sind am wichtigsten und machen etwa 10-20% der Gesamtmenge aus, repräsentieren aber 70-80% des Gesamtwertes. Bei einer Firma könnten das die Produkte sein, die den meisten Umsatz bringen.

- **B** - Das sind die "silbernen" Dinge. Sie sind weniger wichtig als die A-Dinge, aber immer noch relevanter als die C-Dinge. Sie machen etwa 30% aus und repräsentieren rund 20% des Gesamtwertes.

- **C** - Das sind die "Glas"-Murmeln. Sie machen die größte Menge aus, etwa 50-70%, aber ihr Gesamtwert ist mit 5-10% der kleinste.

Wenn du jetzt entscheiden müsstest, wo du anfängst oder welche Murmeln du zuerst ins Glas legst, würdest du natürlich mit den goldenen A-Murmeln beginnen. Genau so funktioniert die ABC-Analyse: Sie hilft dir, herauszufinden, welche Aufgaben oder Produkte die größte Auswirkung oder den größten Wert haben, und priorisiert sie entsprechend.

Also, wenn du das nächste Mal nicht weißt, wo du anfangen sollst oder welche Aufgaben am wichtigsten sind, denk an die ABC-Analyse. Sie gibt dir ein einfaches System an die Hand, um Dinge zu sortieren und deine Zeit effizient zu nutzen.

Abfallwirtschaftslogistik: Wenn Müll auf Reisen geht

Stell dir vor, du isst gerade eine Schokolade und wirfst die Verpackung in den Mülleimer. Schon mal darüber nachgedacht, wohin diese Verpackung nun reist und was mit ihr passiert? Genau hier kommt die Abfallwirtschaftslogistik ins Spiel!

Die Abfallwirtschaftslogistik beschäftigt sich damit, wie Abfälle – also alles, was wir wegwerfen – gesammelt, transportiert, verarbeitet und letztlich entsorgt oder wiederverwertet werden. Es ist quasi die Reiseplanung für unseren Müll.

Ein paar Schritte, die dein Müllstück auf seiner Reise durchmacht:

- **Sammeln**: Zunächst wird der Müll in verschiedenen Behältern gesammelt. Vielleicht hast du zu Hause auch verschiedene Tonnen für Papier, Plastik, Bioabfälle usw.

- **Transport**: Spezialisierte Müllfahrzeuge holen den Abfall ab und bringen ihn zu einem Zwischenlager oder direkt zu einer Verarbeitungsstelle.

- **Sortieren und Verarbeiten**: In großen Anlagen wird der Müll sortiert. Wertstoffe wie Glas, Papier und bestimmte Kunststoffe werden getrennt, um recycelt zu werden. Andere Abfälle werden vielleicht verbrannt, um Energie zu erzeugen.

- **Entsorgung oder Recycling**: Während einige Abfälle auf Deponien landen, werden andere recycelt, um daraus neue Produkte zu machen. So kann aus einer alten Zeitung vielleicht ein neues Buch oder aus einer Plastikflasche ein neues T-Shirt entstehen!

Die Abfallwirtschaftslogistik sorgt also dafür, dass unser Müll nicht einfach nur herumliegt, sondern sinnvoll und umweltfreundlich behandelt wird. Und obwohl es auf den ersten Blick vielleicht nicht so spannend klingt, spielt diese Logistik eine wichtige Rolle, um unsere Städte sauber zu halten und Ressourcen klug zu nutzen. Also, das nächste Mal, wenn du etwas wegwirfst, stell dir vor, auf welch spannende Reise dieser Abfall nun geht.

Abfertigung: Das unsichtbare Orchester hinter deiner Reise

Jedes Mal, wenn du in ein Flugzeug, einen Zug oder ein Schiff steigst, gibt es eine ganze Menge Aktivitäten, die im Hintergrund stattfinden, um sicherzustellen, dass deine Reise reibungslos abläuft. Dieser Prozess, den du wahrscheinlich nicht einmal bemerkst, wird Abfertigung genannt. Aber was bedeutet das eigentlich? Tauchen wir in dieses faszinierende Thema ein. Denke an das letzte Mal, als du geflogen bist. Bevor du ins Flugzeug gestiegen bist, hast du wahrscheinlich eingecheckt, dein Gepäck aufgegeben, die Sicherheitskontrolle durchlaufen und schließlich am Gate gewartet, bis du an Bord gehen konntest. Dies sind alles Teile des Abfertigungsprozesses. Die Abfertigung beinhaltet eine Vielzahl von Aufgaben, von der Überprüfung der Passagierdaten und der Sicherstellung, dass jeder den richtigen Sitzplatz hat, bis hin zur Verladung des Gepäcks, der Versorgung des Flugzeugs mit Treibstoff und der Koordination mit dem Kontrollturm für den Start. Es ist wie ein großes, unsichtbares Orchester, bei dem jeder seine eigene Rolle spielt, um sicherzustellen, dass alles reibungslos abläuft. Aber die Abfertigung beschränkt sich nicht nur auf Flugzeuge. Auch in Häfen, Bahnhöfen und Busbahnhöfen gibt es ähnliche Prozesse, um sicherzustellen, dass Passagiere und Fracht sicher und effizient von einem Ort zum anderen transportiert werden können. Es ist faszinierend zu bedenken, wie viele Details und wie viel Organisation hinter jeder Reise stecken, die du machst. Die Abfertigung ist ein unglaublich wichtiger Prozess, der dazu beiträgt, dass das moderne Reisen so effizient und komfortabel ist, wie wir es heute kennen. Wenn du also das nächste Mal auf Reisen gehst, nimm dir einen Moment Zeit, um an all die Menschen und Prozesse zu denken, die im Hintergrund arbeiten, um deine Reise möglich zu machen. Die Abfertigung mag unsichtbar sein, aber sie ist ein entscheidender Faktor dafür, dass du sicher und pünktlich an dein Ziel kommst.

Abrollcontainer-Transportsystem (ACTS): Der "Transformer" unter den Transportmitteln

Kennst du die Transformer-Filme, wo Autos sich in riesige Roboter verwandeln? Das Abrollcontainer-Transportsystem (kurz ACTS) ist zwar nicht ganz so cool, aber es hat etwas Ähnliches an sich. Es kann sich quasi "verwandeln", um verschiedene Arten von Ladung zu transportieren.

Stell dir einen LKW vor, der nicht nur eine feste Ladefläche hat, sondern eine, von der man große Container abrollen lassen kann. Dieser spezielle LKW hat eine hydraulische Vorrichtung, die es ihm ermöglicht, Container auf- und abzuladen, ohne dass ein Kran benötigt wird.

Das Geniale daran ist die Flexibilität. Nehmen wir an, ein Unternehmen möchte Baustellenabfälle transportieren. Es kann einen speziellen Container für diese Abfälle bestellen, der dann auf den LKW "gerollt" wird. Ist der Container voll, fährt der LKW zum Entsorgungsort, "rollt" den vollen Container ab und könnte dann einen leeren oder einen ganz anderen Container für einen anderen Job aufnehmen.

Dieses System ist besonders nützlich in Orten mit begrenztem Platz oder wenn keine schweren Kräne zur Verfügung stehen. Außerdem kann es Zeit und Geld sparen, da weniger Ausrüstung und Personal benötigt wird.

Kurz gesagt, das ACTS ist wie ein Multitalent in der Welt der Logistik. Es mag auf den ersten Blick nicht so aufregend wie ein Transformer aussehen, aber in seiner eigenen Welt ist es ein echter Game-Changer!

Absender: Der Anfang einer jeden Reise

Stell dir vor, du verschickst ein Geburtstagsgeschenk an einen Freund in einer anderen Stadt oder sogar in einem anderen Land. Bevor du dieses Paket auf seine Reise schickst, gibt es ein Detail, dass du nicht vergessen darfst: Deine eigenen Informationen auf dem Paket zu hinterlassen. Warum? Weil du der "Absender" bist. Aber warum ist das so wichtig? Tauchen wir in das Konzept des Absenders ein. Der Absender, das bist du in diesem Fall, ist die Person oder Organisation, die etwas sendet oder verschickt. Egal ob es sich um einen Brief, ein Paket, eine SMS oder sogar eine E-Mail handelt - es gibt immer jemanden, der den ersten Schritt macht, und das ist der Absender. Auf einem physischen Paket oder Brief ist der Absender besonders wichtig. Er gibt nicht nur an, wer das Paket verschickt hat, sondern hat auch eine praktische Bedeutung. Wenn es Probleme mit der Lieferung gibt, z.B. wenn die Adresse des Empfängers nicht korrekt ist oder das Paket nicht zugestellt werden kann, wird es an den Absender zurückgeschickt. So geht das Geschenk oder der Brief nicht verloren und kann erneut verschickt werden. Aber es geht nicht nur um Pakete und Briefe. Wenn du online etwas bestellst, ist das Unternehmen, von dem du kaufst, der Absender. Wenn du eine E-Mail oder eine Nachricht sendest, wirst du in den meisten Fällen als Absender angezeigt, sodass der Empfänger weiß, von wem die Nachricht stammt. Man könnte sagen, dass der Absender die erste Etappe jeder Reise darstellt, ob es nun die Reise eines Briefes, einer E-Mail oder eines Pakets ist. Es ist ein einfacher Begriff, aber einer, der in unserer vernetzten Welt eine zentrale Rolle spielt. Das nächste Mal, wenn du etwas versendest oder eine Nachricht erhältst, schenke dem Absender ein wenig Beachtung. Es ist ein kleines Detail, das den Beginn jeder Kommunikation oder Lieferung markiert. Und wer weiß? Vielleicht wirst du selbst bald wieder Absender und startest eine neue Reise für eine Nachricht oder ein Geschenk.

Abwicklung: Wie Projekte und Prozesse zum Abschluss kommen

Denk an das letzte Mal zurück, als du ein komplexes Videospiel gespielt hast. Du hattest bestimmte Quests oder Missionen zu erfüllen, und jedes Mal, wenn du eine abgeschlossen hast, gab es dieses befriedigende Gefühl, einen Haken dahinter setzen zu können. In der Geschäfts- und Arbeitswelt gibt es ein ähnliches Konzept, das als "Abwicklung" bezeichnet wird. Doch was bedeutet das genau? Lass uns tiefer eintauchen.

Abwicklung ist im Grunde genommen der Prozess, etwas zu einem Abschluss zu bringen, besonders wenn es sich um Geschäfte, Projekte oder Transaktionen handelt. Stell dir vor, du kaufst online ein cooles neues T-Shirt. Von dem Moment an, in dem du es in den Warenkorb legst, bis zu dem Moment, in dem es bei dir zu Hause ankommt, gibt es eine Reihe von Schritten, die abgewickelt werden müssen. Dazu gehören die Bestätigung deiner Zahlung, die Vorbereitung des Artikels für den Versand und schließlich der Versand selbst. Aber die Abwicklung geht weit über den Online-Einkauf hinaus. Wenn Unternehmen miteinander Geschäfte machen, gibt es oft viele Details, die geklärt werden müssen, von Verträgen und Zahlungen bis hin zu Lieferungen und mehr.

Dieser gesamte Prozess der Fertigstellung und Klärung wird als Abwicklung bezeichnet. Es ist ähnlich, wenn du an ein Gruppenprojekt in der Schule denkst. Es gibt viele Teile, die zusammenkommen müssen, von der Recherche über die Erstellung von Präsentationen bis hin zur tatsächlichen Vorführung. Wenn all diese Elemente abgeschlossen sind und das Projekt erfolgreich vorgestellt wurde, kann man sagen, dass die Abwicklung des Projekts stattgefunden hat. Es ist faszinierend zu sehen, wie viele Dinge im Alltag eine Abwicklung erfordern, oft ohne, dass wir es überhaupt merken. Es ist ein bisschen so, als würde man ein Puzzle zusammensetzen, bei dem jedes Teil wichtig ist und alle zusammenarbeiten müssen, um das Gesamtbild zu vervollständigen. Das nächste Mal, wenn du siehst, wie Dinge erledigt werden, sei es in der Schule, beim Einkaufen oder in der Arbeit, erinnere dich daran, dass es eine ganze Menge Abwicklung im Hintergrund gibt, die alles reibungslos und effizient funktionieren lässt. Es ist ein unsichtbarer, aber wesentlicher Prozess, der unseren Alltag am Laufen hält.

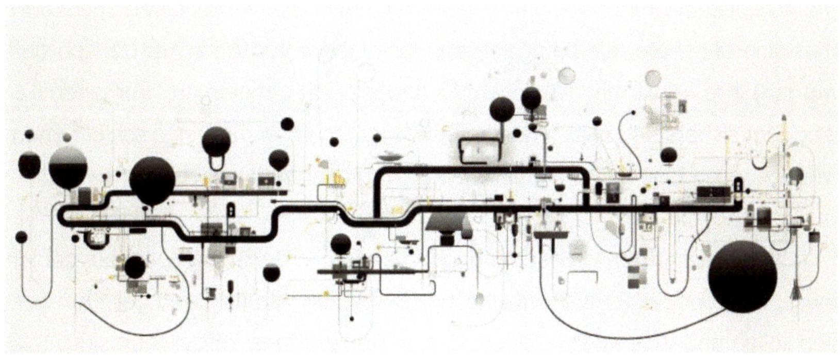

ADSp: Die "Spielregeln" für Spediteure

Okay, stell dir vor, du spielst ein neues Videospiel mit deinen Freunden. Jedes Spiel hat bestimmte Regeln, richtig? Nun, in der Welt der Transport- und Logistikbranche gibt es auch "Spielregeln", und eine dieser Regelsets heißt "ADSp", kurz für "Allgemeine Deutsche Spediteurbedingungen".

Die ADSp ist im Grunde genommen ein Dokument, das festlegt, wie Spediteure (das sind die Leute, die dafür sorgen, dass Waren von A nach B transportiert werden) ihre Arbeit machen sollen. Es handelt sich um eine Art "Verhaltenskodex", der sicherstellt, dass jeder weiß, was zu tun ist, wenn Dinge schief gehen, wie z.B. wenn eine Lieferung beschädigt wird oder verloren geht.

Es gibt in diesen Regeln Bestimmungen darüber, wie viel ein Spediteur zahlen muss, wenn er einen Fehler macht, wie die Waren verpackt und geliefert werden sollen und viele andere Dinge, die im Transportgeschäft wichtig sind.

Das Tolle an den ADSp ist, dass sie von verschiedenen Organisationen in der Branche vereinbart wurden. Das bedeutet, dass sie weitgehend akzeptiert und angewendet werden, was den Prozess des Warentransports in Deutschland vereinfacht.

Vereinfacht gesagt: Wenn du in der Speditionsbranche arbeitest und sicherstellen willst, dass du alles richtig machst (und dass andere dasselbe tun), dann sind die ADSp deine "Spielregeln" - ein Standard, an den sich alle halten können.

AfA: Wenn Dinge ihren Wert verlieren

Kennst du das Gefühl, wenn du dir ein brandneues Smartphone kaufst und dann ein Jahr später merkst, dass es nicht mehr so viel wert ist wie am Anfang? Das liegt daran, dass fast alles, was wir kaufen – von Elektronik bis hin zu Autos – im Laufe der Zeit an Wert verliert. Diesen Wertverlust nennt man in der Finanz- und Geschäftswelt "Abschreibung".

"AfA" steht für "Absetzung für Abnutzung". Es ist ein Begriff aus der Buchhaltung und beschreibt den Prozess, bei dem Unternehmen den Wertverlust ihrer Anlagen und Ausrüstungen über eine bestimmte Zeit berücksichtigen. Zum Beispiel, wenn ein Unternehmen eine neue Maschine kauft, wird es diese Maschine nicht ewig zum gleichen Wert in den Büchern stehen haben. Mit jedem Jahr, in dem die Maschine genutzt wird, verliert sie an Wert. Diesen Wertverlust nennt man AfA.

Die AfA ist nicht nur eine Theorie, sie hat auch praktische Bedeutung. Unternehmen nutzen die AfA, um ihre Steuern zu berechnen. Indem sie den Wertverlust ihrer Anlagen und Ausrüstungen abschreiben, können sie ihre steuerpflichtigen Gewinne reduzieren. Das bedeutet, sie zahlen weniger Steuern!

Also, jedes Mal, wenn du merkst, dass deine Sachen an Wert verlieren (wie dein altes Handy oder Fahrrad), denk daran: Auch Unternehmen müssen sich mit diesem natürlichen Prozess auseinandersetzen. Und sie haben dafür sogar einen speziellen Begriff: AfA.

Air Waybill (AWB): Der Reisepass für Pakete im Flugzeug

Stell dir vor, du möchtest in den Urlaub fliegen. Um ins Flugzeug zu steigen, benötigst du ein Ticket, das alle wichtigen Informationen enthält: wohin du fliegst, wann dein Flug geht und auf welchem Sitzplatz du sitzt. Ähnlich wie du dieses Ticket für deine Reise benötigst, braucht auch jedes Paket, das mit einem Flugzeug versendet wird, ein spezielles "Ticket". Dieses "Ticket" für Pakete nennt man "Air Waybill" oder kurz "AWB".

Die AWB ist ein Frachtdokument, das alle wichtigen Informationen über die Sendung enthält. Dazu gehören Angaben über den Absender, den Empfänger, die Art des Inhalts, das Gewicht des Pakets und viele weitere Details. Es dient nicht nur dazu, den Transport des Pakets von A nach B zu organisieren, sondern es ist auch ein Beweis dafür, dass der Transporteur (also die Fluggesellschaft) die Sendung übernommen hat und sie zum angegebenen Zielort befördern wird.

Wenn also jemand ein Paket per Luftfracht versenden möchte, sei es ein Unternehmen oder eine Privatperson, wird zuerst eine AWB ausgestellt. Dieses Dokument begleitet das Paket auf seiner Reise und stellt sicher, dass es korrekt und sicher an sein Ziel gelangt.

Kurz gesagt: Die AWB ist wie ein Reisepass für Pakete, der sicherstellt, dass sie auf ihrer Flugreise alles Nötige dabeihaben und am richtigen Ort ankommen!

Akkreditiv: Eine Art Versicherung beim Bezahlen im internationalen Handel

Stell dir vor, du möchtest ein cooles, seltenes Videospiel aus einem anderen Land online kaufen. Da du den Verkäufer nicht persönlich kennst und er dich auch nicht, besteht natürlich ein gewisses Misstrauen. Was passiert, wenn du das Geld überweist, aber das Spiel nie bei dir ankommt? Oder was ist, wenn der Verkäufer das Spiel verschickt, du aber das Geld nie überweist? Hier kommt das Akkreditiv ins Spiel.

Ein Akkreditiv ist eine Art Versicherung oder Garantie, die von einer Bank gegeben wird. Es stellt sicher, dass das Geld nur dann überwiesen wird, wenn bestimmte Bedingungen erfüllt sind. Im Fall unseres Beispiels könnte die Bedingung sein, dass du das Spiel in einwandfreiem Zustand erhältst.

So funktioniert's:

Du gehst zu deiner Bank und beantragst ein Akkreditiv. Du sagst deiner Bank, dass sie das Geld nur dann an den Verkäufer überweisen soll, wenn du das Spiel erhalten hast. Die Bank des Verkäufers informiert ihn darüber, dass das Geld sicher hinterlegt ist und nur darauf wartet, überwiesen zu werden, sobald du das Spiel erhältst. Der Verkäufer fühlt sich sicher und schickt dir das Spiel zu. Sobald du das Spiel in den Händen hältst, informierst du deine Bank, und sie überweist das Geld an den Verkäufer.

Das Akkreditiv wird vor allem im internationalen Handel zwischen Unternehmen verwendet, um sicherzustellen, dass beide Seiten ihre Versprechen einhalten. Es ist so, als ob zwei Menschen, die sich nicht kennen, einen gemeinsamen Freund haben, der sicherstellt, dass jeder seinen Teil des Deals erfüllt. In diesem Fall ist der "gemeinsame Freund" die Bank. Cool, oder?

Anlieferung: Mehr als nur ein Paket vor deiner Tür

Kennst du das Gefühl, wenn du online etwas Bestelltes erwartest und jeden Tag gespannt nachsiehst, ob es schon angekommen ist? Dieser Moment, wenn der Postbote klingelt und du endlich dein Paket in den Händen hältst – das ist die "Anlieferung" in Aktion. Aber die Anlieferung ist weit mehr als nur ein Paket, das an deiner Haustür abgelegt wird. Schauen wir uns das mal genauer an. Anlieferung bezieht sich auf den Prozess, bei dem Waren, Pakete oder andere Güter an einen bestimmten Ort geliefert werden. Dies kann von einem einfachen Pizzadienst über den Versand eines Smartphones bis hin zu großen Lieferungen wie Möbeln oder sogar Autos reichen. Jedes Mal, wenn du online einkaufst, setzt du eine Kette von Ereignissen in Gang. Deine Bestellung wird verarbeitet, das Produkt wird verpackt, und dann beginnt der eigentliche Lieferprozess. Dabei kann es sich um lokale Lieferdienste, nationale Paketdienste oder internationale Frachtunternehmen handeln. Jeder dieser Schritte muss sorgfältig koordiniert werden, um sicherzustellen, dass dein Artikel sicher und pünktlich ankommt. Dabei gibt es zahlreiche Herausforderungen: Verzögerungen durch schlechtes Wetter, technische Probleme oder unvorhersehbare Hindernisse. Aber dank moderner Technologie, wie GPS-Tracking und automatisierte Systeme, können viele dieser Herausforderungen gemeistert werden. Tatsächlich kannst du oft in Echtzeit verfolgen, wo sich dein Paket gerade befindet und wann es voraussichtlich ankommen wird.

Für viele Unternehmen ist eine zuverlässige Anlieferung ein entscheidender Faktor für den Erfolg. Sie wissen, wie wichtig es für Kunden ist, ihre Bestellungen pünktlich und in einwandfreiem Zustand zu erhalten. Daher investieren sie viel Zeit und Ressourcen, um den Lieferprozess so effizient und kundenfreundlich wie möglich zu gestalten. Insgesamt ist die Anlieferung ein beeindruckendes Zusammenspiel von Logistik, Technologie und Kundenservice. Es geht darum, Bedürfnisse zu erfüllen und Erwartungen zu übertreffen.

Das nächste Mal, wenn du also vor deiner Tür ein Paket findest, denke daran, welche Reise es hinter sich hat und welche Anstrengungen dafür nötig waren. Es ist weit mehr als nur ein Karton – es ist das Ergebnis von Planung, Koordination und harter Arbeit.

Auflieger: Mehr als nur ein Anhänger für LKWs

Stell dir vor, du bist auf der Autobahn unterwegs und neben dir fährt ein riesiger Lastwagen. Der hintere Teil dieses LKWs, der den Großteil der Fracht trägt, wird "Auflieger" genannt. Aber was genau ist ein Auflieger und warum ist er so wichtig?

- **Flexibilität auf Rädern:** Ein Auflieger ist ein Anhänger ohne eigenen Antrieb, der an das Führerhaus eines LKWs, auch bekannt als "Zugmaschine", angekoppelt wird. Das Coole daran? Die Zugmaschine kann verschiedene Auflieger anhängen, je nachdem, was transportiert werden soll. So kann ein LKW-Fahrer morgens einen Auflieger mit Obst und Gemüse und nachmittags einen anderen mit Elektronik transportieren.

- **Verschiedene Typen für verschiedene Ladungen:** Es gibt nicht nur einen Typ von Auflieger. Je nachdem, was transportiert werden soll, gibt es spezielle Modelle. Zum Beispiel:

    o Kühlauflieger, um Lebensmittel frisch zu halten.
    o Tankauflieger für Flüssigkeiten wie Benzin.
    o Flachbett-Auflieger für besonders große oder schwere Ladungen.

- **Einfaches be- und entladen:** Durch die Konstruktion des Aufliegers kann die Fracht von allen Seiten, einschließlich von oben oder unten, be- und entladen werden. Das macht den Transportprozess viel effizienter.

- **Sicherheit geht vor:** Auflieger sind so konstruiert, dass sie die Ladung sicher und stabil transportieren können. Sie haben spezielle Bremssysteme und Stabilisatoren, um sicherzustellen, dass sie auch bei hohen Geschwindigkeiten oder abrupten Stopps nicht ins Schlingern geraten.

Das nächste Mal, wenn du einen LKW auf der Straße siehst, weißt du jetzt, dass der Auflieger nicht nur ein einfacher Anhänger ist. Er spielt eine entscheidende Rolle im Transportwesen und sorgt dafür, dass Waren sicher und effizient von einem Ort zum anderen gelangen.

Auftragsbestätigung: Was ist das eigentlich?

Stell dir vor, du bestellst online ein cooles neues T-Shirt. Kurz nachdem du bezahlt hast, bekommst du eine E-Mail vom Shop. Nein, es ist nicht schon das T-Shirt, das so schnell bei dir ankommt, sondern eine Nachricht, die dir sagt: "Hey, wir haben deinen Auftrag bekommen und bearbeiten ihn jetzt!" Diese Nachricht ist im Grunde eine Auftragsbestätigung.

Was du wissen solltest:

- **Ein offizielles "Hab's gesehen!":** Wenn du etwas bestellst, sei es online oder im realen Leben, willst du sicher sein, dass deine Bestellung auch wirklich beim Verkäufer angekommen ist. Die Auftragsbestätigung gibt dir genau diese Sicherheit. Sie bestätigt, dass der Verkäufer deine Bestellung erhalten hat und sie nun in Angriff nimmt.

- **Details, Details, Details:** In der Auftragsbestätigung stehen oft viele Details. Was genau hast du bestellt? Zu welchem Preis? Wann wird es voraussichtlich geliefert? Diese Details sind wichtig, falls später einmal Unklarheiten auftreten.

- **Bindend für beide Seiten:** Einmal versendet, ist die Auftragsbestätigung nicht nur eine einfache Information. Sie kann rechtlich bindend sein. Das bedeutet, der Verkäufer verpflichtet sich, dir das bestellte Produkt zu liefern, und du verpflichtest dich im Gegenzug zur Bezahlung.

- **Unterschied zur Rechnung:** Die Auftragsbestätigung sollte nicht mit der Rechnung verwechselt werden. Während die Bestätigung dir sagt, dass deine Bestellung in Arbeit ist, kommt die Rechnung meistens später und gibt an, wie viel du genau zahlen musst und bis wann.

Also, das nächste Mal, wenn du online einkaufst und eine E-Mail erhältst, kurz nachdem du auf "Kaufen" geklickt hast, weißt du, dass das die Auftragsbestätigung ist. Sie ist sozusagen der erste Schritt auf dem Weg, das coole neue T-Shirt oder was auch immer du bestellt hast, in den Händen zu halten.

Auftragslogistik : Die unsichtbare Kraft hinter deinem Online-Einkauf

Stell dir vor, du surfst im Internet und findest diesen epischen Pullover mit einem Design, das total deinem Stil entspricht. Ohne zu zögern, klickst du auf "Bestellen". Einige Tage später klingelt der Postbote und übergibt dir ein Paket mit genau diesem Pullover. Klingt einfach, oder? Doch was zwischen deinem Klick und der Ankunft des Pullovers passiert, ist ein ziemlich komplexer Prozess, der als Auftragslogistik bezeichnet wird.

Sobald du auf den Bestellknopf klickst, setzt du eine Maschinerie in Gang. Im Lager wird deine Bestellung in Echtzeit erfasst. Ein Mitarbeiter oder vielleicht sogar ein automatisiertes System sorgt dafür, dass der richtige Pullover in der richtigen Größe aus dem Regal genommen wird. Er wird dann sorgfältig verpackt, etikettiert und für den Versand vorbereitet. Und das alles passiert in erstaunlich kurzer Zeit, damit du nicht lange auf deine Bestellung warten musst.

Die Auftragslogistik sorgt nicht nur dafür, dass du deinen Pullover erhältst. Sie kümmert sich auch darum, dass, wenn du deine Meinung änderst und den Pullover zurücksenden möchtest, dieser Prozess genauso reibungslos abläuft. Alles, vom Moment deines Klicks bis zur Rücksendung und Erstattung, ist Teil dieses Systems. Die Technologie hat die Auftragslogistik revolutioniert. Alles wird getrackt und überwacht. Du kannst oft in Echtzeit sehen, wo sich dein Paket gerade befindet und wann es bei dir ankommt. Es sind diese unsichtbaren, aber essenziellen Prozesse, die das Online-Shopping zu dem machen, was es heute ist: schnell, effizient und kundenfreundlich. Also, beim nächsten Mal, wenn du online einkaufst, denke an all die Arbeit, die hinter den Kulissen stattfindet, und vielleicht wirst du das System der Auftragslogistik ein kleines bisschen mehr zu schätzen wissen.

Ausfuhr: Wie die Welt durch Handel verbunden wird

Kennst du das Gefühl, wenn du im Internet ein cooles Gadget siehst und feststellst, dass es aus einem anderen Land kommt? Oder wenn du in den Laden gehst und feststellst, dass deine Lieblingsschokolade eigentlich aus Belgien stammt? Diese Produkte gelangen durch einen Prozess namens "Ausfuhr" zu uns.

Im Grunde genommen bedeutet Ausfuhr, dass ein Land Produkte oder Dienstleistungen verkauft und sie in ein anderes Land verschickt. Zum Beispiel: Wenn ein Hersteller in den USA coole Sneakers herstellt und diese dann in Deutschland verkauft, werden die Schuhe aus den USA "ausgeführt". Deutschland auf der anderen Seite "führt sie ein".

Aber warum ist das wichtig? Erstens ermöglicht die Ausfuhr Ländern, das zu verkaufen, was sie am besten produzieren können. Ein Land, das zum Beispiel großartigen Wein herstellt, kann diesen Wein in ein Land exportieren, das dafür bekannt ist, erstklassige Elektronik herzustellen. Beide profitieren voneinander und können die besten Produkte genießen. Es gibt allerdings auch Regeln und Vorschriften für die Ausfuhr. Manchmal, um die eigene Wirtschaft zu schützen, erheben Länder Zölle oder Steuern auf importierte Waren. Das kann dazu führen, dass importierte Produkte teurer werden. Und dann gibt es noch Dinge wie Qualitätsstandards und Sicherheitsvorschriften, um sicherzustellen, dass die eingeführten Produkte sicher und zuverlässig sind. Wenn du das nächste Mal also ein Produkt in die Hand nimmst und feststellst, dass es aus einem weit entfernten Land stammt, denke daran, wie es durch die Ausfuhr zu dir gekommen ist. Es ist nicht nur ein einfacher Verkaufsprozess, sondern ein Zeichen dafür, wie globalisiert und miteinander verbunden unsere Welt heute ist.

Ausfuhrerklärung: Warum jedes Paket eine Reisegenehmigung braucht

Stell dir vor, du willst deinem Freund in einem anderen Land ein cooles Geschenk senden, vielleicht ein spezielles Videospiel, das es nur bei dir gibt. Du packst alles ein, gehst zur Post und... halt! Bevor dieses Paket seine internationale Reise antreten kann, muss es durch eine Art „Zoll-Check-in" gehen. Dieser Prozess beginnt mit einer Ausfuhrerklärung.

Die Ausfuhrerklärung ist im Grunde ein Dokument, das beschreibt, was genau du versendest. Es gibt Auskunft über Dinge wie den Wert des Inhalts, das Gewicht, woher es kommt und wohin es geht. Warum das Ganze? Nun, jedes Land möchte wissen, was über seine Grenzen kommt und geht – nicht nur aus sicherheitstechnischen Gründen, sondern auch um sicherzustellen, dass alles mit den internationalen Handelsregeln übereinstimmt.

Es geht hierbei auch um Steuern und Abgaben. Die Informationen in der Ausfuhrerklärung helfen den Zollbehörden zu entscheiden, ob auf das Paket Steuern erhoben werden müssen oder nicht. Es könnte ja sein, dass du nicht nur ein Geschenk an deinen Freund sendest, sondern dass jemand 1000 gleiche Videospiele verkauft und dafür Steuern zahlen muss. Aber keine Sorge, du musst nicht jedes Mal, wenn du ein Paket ins Ausland senden möchtest, stundenlang Formulare ausfüllen. Oft helfen dir die Versanddienstleister dabei und haben einfache Systeme oder Formulare, die dir den Prozess erleichtern.

Die Ausfuhrerklärung ist also wie ein Reisepass für deine Sendung. Sie stellt sicher, dass alles reibungslos verläuft, wenn dein Paket die Grenze überquert und sich auf den Weg zu seinem Ziel macht. Es ist eine der vielen kleinen, aber wichtigen Komponenten, die das globale Netzwerk des Handels und Versands am Laufen halten.

Ausfuhrzollstelle: Das Tor zur Welt für Waren

Wir haben alle schon mal einen Flughafen oder einen Bahnhof als „Tor zur Welt" betrachtet, wenn wir verreisen. Aber hast du gewusst, dass auch Waren, die ein Land verlassen, ein solches „Tor" passieren müssen? Dieses spezielle „Tor" nennt man Ausfuhrzollstelle.

Stell dir die Ausfuhrzollstelle als eine Art offiziellen Checkpoint vor, den Waren durchlaufen müssen, bevor sie ein Land verlassen. Es ist wie der Sicherheitscheck am Flughafen, nur für Produkte. Hier wird überprüft, ob alle erforderlichen Papiere, wie die Ausfuhrerklärung, vorhanden sind und ob alles den Vorschriften entspricht.

Das Tolle an dieser Stelle ist, dass sie dazu beiträgt, den internationalen Handel flüssig und sicher zu halten. Wie? Indem sie sicherstellt, dass die Waren, die das Land verlassen, den Regeln und Gesetzen des Exportlandes und des Ziellandes entsprechen. Das ist wichtig, damit z.B. keine verbotenen Güter verschifft werden oder Waren korrekt versteuert werden. Vielleicht denkst du jetzt: „Ich bin kein großer Geschäftsmann, warum sollte mich das interessieren?" Nun, wenn du jemals daran denkst, ein Produkt online zu verkaufen und es ins Ausland zu verschicken, oder wenn du dich für eine Karriere im internationalen Handel oder in der Logistik interessierst, könntest du direkt oder indirekt mit der Ausfuhrzollstelle zu tun haben.

In einer immer globaler werdenden Welt ist es beeindruckend zu sehen, wie viele Systeme und Mechanismen, wie die Ausfuhrzollstelle, dafür sorgen, dass alles reibungslos funktioniert. Es ist, als hätte jeder Artikel, den wir über die Grenzen hinweg verschicken, seine eigene kleine Reise mit eigenen Abenteuern – und die Ausfuhrzollstelle ist ein wichtiger Zwischenstopp auf dieser Reise.

Auslieferung: Das Finale einer Bestellung

Wir leben in einer Zeit des "Ich möchte es jetzt"-Gefühls. Wenn du auf einer Website etwas bestellst oder eine Pizza für die nächste Gaming-Nacht mit Freunden bestellst, gibt es ein erwartungsvolles Warten. Und das finale Highlight? Die Auslieferung.

Die Auslieferung ist der Moment, in dem die Dinge, die du dir gewünscht oder gekauft hast, tatsächlich bei dir ankommen. Aber hinter dieser scheinbar simplen Handlung - dem Übergeben eines Pakets oder einer Mahlzeit - verbirgt sich ein riesiges Netzwerk von Prozessen und Menschen, die sicherstellen, dass du genau das bekommst, was du wolltest, genau dann, wenn du es willst.

Betrachte die Auslieferung als die letzte Etappe einer langen Reise. Bevor dein neues Paar Sneakers oder dein neuestes Videospiel bei dir zu Hause ankommt, hat es eine ziemliche Strecke zurückgelegt. Vielleicht wurde es in einem anderen Land hergestellt, durchlief mehrere Lagerhäuser, wurde von LKWs, Flugzeugen oder Schiffen transportiert und schließlich von einem Kurier in seinen Lieferwagen geladen. Dabei spielt Timing eine entscheidende Rolle. Jeder Schritt, von der Bestellung über die Verpackung bis zur eigentlichen Lieferung, muss perfekt koordiniert sein, um sicherzustellen, dass die Auslieferung so reibungslos und pünktlich wie möglich erfolgt.

Es ist ziemlich beeindruckend, wenn man darüber nachdenkt. In einer Welt, in der wir oft ungeduldig sind und die Dinge sofort wollen, sorgt die Auslieferung dafür, dass unsere Erwartungen erfüllt werden. Das nächste Mal, wenn du das Klingeln an der Tür hörst und dein Paket oder Essen entgegennimmst, erinnere dich an die unglaubliche Logistik und die harte Arbeit, die dahintersteckt, um dir genau das zu bringen, was du bestellt hast. Es ist weit mehr als nur eine Lieferung – es ist das Finale einer sorgfältig choreographierten Performance.

Ausschreibung: Die große Talent- oder Produkt-Suche

Du kennst bestimmt diese Castingshows im Fernsehen, wo Menschen vorsingen oder tanzen und die Juroren entscheiden, wer das größte Talent hat, oder? Ähnlich funktioniert auch eine Ausschreibung, nur dass es hier nicht um Gesang oder Tanz geht, sondern meistens um Produkte oder Dienstleistungen.

Was du wissen solltest:

- **Was ist überhaupt eine Ausschreibung?:** Stell dir vor, eine Schule möchte einen neuen Sportplatz bauen. Sie wissen aber nicht, welche Baufirma das am besten und günstigsten kann. Also machen sie eine Ausschreibung. Das bedeutet, sie geben bekannt: "Hey, wir brauchen einen Sportplatz! Wer kann das machen und zu welchem Preis?" Verschiedene Baufirmen können dann ihre Angebote einreichen.

- **Warum macht man das?:** Durch eine Ausschreibung kann man das beste Angebot aus vielen verschiedenen Vorschlägen auswählen. Es geht darum, ein gutes Preis-Leistungs-Verhältnis zu finden und sicherzustellen, dass man nicht zu viel bezahlt.

- **Es gibt Regeln:** Eine Ausschreibung ist nicht einfach ein wildes Durcheinander von Angeboten. Es gibt genaue Vorgaben, was in den Angeboten stehen muss und bis wann sie eingereicht werden müssen. So wird sichergestellt, dass alle die gleiche Chance haben und alles fair abläuft.

- **Wer gewinnt?:** Am Ende der Ausschreibung schaut sich die Schule (oder wer auch immer die Ausschreibung gemacht hat) alle Angebote an und entscheidet, welches das Beste ist. Das muss nicht unbedingt das Billigste sein! Es geht auch um Qualität, Zuverlässigkeit und viele andere Faktoren.

Kurz gesagt, eine Ausschreibung ist wie eine Talent- oder Produkt-Suche. Sie hilft dabei, das beste Angebot für ein bestimmtes Projekt oder Produkt zu finden und stellt sicher, dass alles fair und transparent abläuft. Es ist also eine ziemlich coole Methode, um sicherzustellen, dass man das beste Ergebnis für sein Geld bekommt!

Automatisches Kleinteilelager (AKL): Das coole Roboter-Lager

Wenn du dir ein Lager vorstellst, denkst du vielleicht an große Hallen mit vielen Regalen, in denen Arbeiter mit Gabelstaplern herumfahren, um Kisten zu stapeln oder zu holen. Das ist die alte Schule! Im Zeitalter der Technik haben wir jetzt das „Automatische Kleinteilelager", oft einfach als AKL bezeichnet.

Stell dir AKL als eine Art gigantisches Roboterspielzeug vor:

1. **Mini, aber mächtig:** Im AKL werden eher kleinere Teile gelagert. Deshalb der Name "Kleinteilelager". Denk an Schrauben, Elektronikteile oder sogar Spielzeugfiguren.

2. **Robotergesteuert:** Statt, dass Menschen die Teile herausnehmen oder einlagern, gibt es Roboter oder automatisierte Systeme, die genau wissen, wo welches Teil liegt. Wenn ein Teil benötigt wird, zischt der Roboter flink zum richtigen Platz, nimmt das Teil und bringt es zur Ausgabestelle.

3. **High-Tech Regalsystem:** Die Regale in einem AKL sind so konzipiert, dass sie den vorhandenen Raum optimal nutzen. Oft sind sie sehr hoch und eng, da die Roboter viel präziser arbeiten können als Menschen.

4. **Superschnell und effizient:** Weil alles automatisiert ist, sind die Abläufe im AKL sehr schnell. Braucht jemand ein Teil? Zack! Der Roboter holt es in Sekundenschnelle. Das spart Zeit und reduziert Fehler.

5. **Computerhirn:** Hinter dem ganzen System steht eine leistungsstarke Software, die genau weiß, wo welches Teil gelagert ist, wie viel davon vorhanden ist und wann es nachbestellt werden muss.

Vielleicht klingt es für dich jetzt so, als ob Roboter alle Jobs im Lager übernehmen. Aber keine Sorge, Menschen sind immer noch sehr wichtig! Sie überwachen die Systeme, warten die Roboter und treffen wichtige Entscheidungen. Aber dank des AKL können sie sich auf komplexere Aufgaben konzentrieren, während die Roboter die "schwere Hebearbeit" erledigen.

Kurz gesagt: Das Automatische Kleinteilelager ist wie ein riesiger, gut organisierter Roboterarm im Hintergrund, der dafür sorgt, dass alles reibungslos und effizient abläuft. Ein echtes Meisterwerk der Technologie!

Avisierung: Ein freundlicher Hinweis vor der Lieferung

Kennt ihr das, wenn man ein Paket erwartet und den ganzen Tag zu Hause bleibt, weil man nicht genau weiß, wann der Lieferdienst kommt? Und dann, genau in den 5 Minuten, in denen man mal kurz duschen geht, klingelt der Postbote und hinterlässt nur eine Benachrichtigungskarte? Ziemlich ärgerlich, oder? Hier kommt die Avisierung ins Spiel.

Avisierung ist ein schickes Wort dafür, wenn dir jemand vorher Bescheid gibt, wann genau er etwas liefern oder abholen will. Es ist sozusagen ein freundlicher Hinweis vor der eigentlichen Lieferung. Vor allem bei großen Lieferungen, wie Möbeln oder Elektrogeräten, ist das superpraktisch. Niemand will schließlich einen Kühlschrank vor der Tür stehen haben, weil er nicht zu Hause war!

Das Ganze läuft meistens so ab:

- **Anruf oder Nachricht:** Einige Tage oder Stunden vor der Lieferung erhältst du einen Anruf oder eine Nachricht (z.B. SMS, E-Mail) vom Lieferdienst oder Spediteur. Darin geben sie dir ein Zeitfenster an, in dem sie vorbeikommen wollen.

- **Bestätigung oder Änderung:** Du kannst dann entweder den Termin bestätigen oder, wenn du zu dem Zeitpunkt nicht kannst, einen neuen Lieferzeitpunkt vorschlagen.

- **Keine bösen Überraschungen:** Dank der Avisierung weißt du genau, wann das Paket oder die Lieferung ankommt. So kannst du deinen Tag besser planen und musst nicht unnötig zu Hause warten.

Es geht also bei der Avisierung nicht nur darum, den Kunden freundlich zu informieren, sondern auch darum, den Lieferprozess effizienter und reibungsloser zu gestalten. Ein Win-Win für beide Seiten! Also, das nächste Mal, wenn dir jemand sagt, er avisiert eine Lieferung, weißt du, dass es nur ein schicker Ausdruck dafür ist, dass du genau Bescheid weißt, wann dein neues cooles Zeug ankommt!

Bahnfracht: Der unsichtbare Gigant hinter deinen Waren

Du kennst bestimmt das Gefühl: Du hörst das entfernte Rattern von Zugrädern, den kraftvollen Pfiff einer Lokomotive und vielleicht siehst du dann einen kilometerlangen Zug an dir vorbeiziehen, beladen mit Containern oder anderen großen Ladungen. Was du da siehst, ist Bahnfracht in Aktion.

Bahnfracht ist so etwas wie der "stille Riese" der Logistikwelt. Während LKWs auf den Straßen oft sichtbarer sind und Flugzeuge am Himmel begeistern, operiert die Bahnfracht eher im Hintergrund. Aber lass dich nicht täuschen – sie ist ein entscheidendes Rückgrat für viele Dinge, die wir täglich nutzen. Stell dir vor, du kaufst ein neues Fahrrad. Die Einzelteile dafür könnten aus verschiedenen Teilen der Welt stammen: Der Rahmen aus Asien, die Reifen aus Europa, die Gangschaltung aus Nordamerika. Die Bahnfracht hilft dabei, diese Teile von Punkt A nach Punkt B zu transportieren, oft über weite Strecken und durch mehrere Länder.

Einer der größten Vorteile der Bahnfracht ist ihre Effizienz, insbesondere bei großen Mengen. Ein einzelner Frachtzug kann Tausende Tonnen Material transportieren – das ist, als würde man Hunderte von LKWs auf die Straße schicken, aber ohne den damit verbundenen Verkehr oder die Emissionen. Außerdem ist der Zug oft eine grünere Alternative. Modernen Lokomotiven sind wesentlich umweltfreundlicher als viele andere Transportmittel, da sie weniger CO2 pro transportierte Tonne ausstoßen.

Vielleicht denkst du jetzt nicht jeden Tag über Bahnfracht nach, aber sie beeinflusst definitiv deinen Alltag. Das Buch, das du gerade liest, der Computer, auf dem du arbeitest, oder das Handy in deiner Tasche könnten alle irgendwann eine Reise per Bahnfracht hinter sich haben. Das nächste Mal, wenn du also das Rattern eines Zuges hörst, bedenke, dass du gerade Zeuge eines

Logistikwunders wirst, das unsere moderne Welt am Laufen hält. Bahnfracht mag nicht immer im Vordergrund stehen, aber sie spielt zweifellos eine Hauptrolle auf der globalen Bühne des Handels und Transports.

Barcodesystem: Die geheime Sprache hinter jedem Produkt

Beim Chillen im Supermarkt mit Freunden oder beim Stöbern durch den neuesten Elektronikladen ist dir bestimmt schon mal dieser schwarz-weiße gestreifte Code aufgefallen, der auf fast allem klebt. Manchmal sieht er aus wie schmale und breite Streifen, manchmal wie ein verrücktes Muster aus Punkten. Das ist ein Barcode, und er ist sozusagen der "DNA-Code" eines Produkts.

Dieses Barcodesystem ist nicht nur ein Haufen zufälliger Streifen. Es ist eine raffinierte Methode, um Informationen über ein Produkt zu speichern und schnell abzurufen. Mit einem einfachen Scan kann ein Barcode alles Mögliche verraten, vom Preis eines Artikels bis zu Informationen darüber, wo und wann er hergestellt wurde.

Stell dir vor, du betrittst einen riesigen Musikladen und suchst nach dem neuesten Album deiner Lieblingsband. Anstatt dass der Verkäufer durch eine lange Liste scrollen oder in einem dicken Katalog nachschlagen muss, scannt er einfach den Barcode des Albums, und voilà – er bekommt sofort alle Informationen, die er braucht, inklusive Preis, Lagerbestand und vielleicht sogar, wann das nächste Album der Band erscheint.

Aber das Barcodesystem geht noch weiter. Es hilft auch dabei, Dinge zu organisieren. In riesigen Lagern, in denen Millionen von Artikeln gelagert werden, können Arbeiter Produkte scannen, um sofort zu wissen, wohin sie gehören, wann sie ablaufen oder wann sie versendet werden müssen.

Und denk mal an all die Online-Bestellungen, die du aufgibst. Ohne Barcodes wäre es fast unmöglich, den Überblick über alles zu behalten, was in einem Lager ist, was rausgeht und was zurückkommt.

Außerdem bieten Barcodes eine gewisse Sicherheit. Sie helfen dabei, Fälschungen zu verhindern, da jedes echte Produkt einen einzigartigen Barcode haben sollte. So kann man sicherstellen, dass man das echte Marken-T-Shirt und nicht eine billige Kopie bekommt.

Das nächste Mal, wenn du also einen dieser schwarz-weißen Codes siehst, denk daran, dass es nicht nur ein paar zufällige Streifen sind. Es ist ein High-Tech-System, das hilft, unsere konsumorientierte Welt in Ordnung zu halten und sicherzustellen, dass du genau das bekommst, was du erwartest. Es ist, als würde jedes Produkt seine eigene kleine Geheimsprache sprechen, die uns so viel über sich selbst erzählt.

Be- und Entladung: Das komplexe Ballett hinter deinem Paket

Stell dir vor, du bestellst die neuesten Sneaker oder das gerade veröffentlichte Videospiel online. Die Vorfreude steigt, und du kannst es kaum erwarten, es in den Händen zu halten. Doch bevor das Paket bei dir ankommt, muss es einen komplexen Prozess durchlaufen.

Be- und Entladung klingt vielleicht unspektakulär, ist aber im Grunde genommen wie ein genau choreographiertes Ballett. Es beginnt in einem riesigen Lager, wo dein Artikel zusammen mit Tausenden anderen in einem Regal liegt. Ein Mitarbeiter nimmt deine Bestellung und holt den Artikel. Jetzt wird es interessant. Dieser Artikel muss sicher in ein Fahrzeug geladen werden, sei es ein Lieferwagen, ein Lkw oder sogar ein Flugzeug. Das bedeutet nicht einfach nur "rein damit". Jedes Stück muss strategisch platziert werden, um den Platz optimal zu nutzen und sicherzustellen, dass zerbrechliche Artikel nicht beschädigt werden.

Jetzt ist es Zeit für den Transport. Während der Fahrt muss die Ladung sicher sein, egal ob auf holprigen Straßen, in der Luft oder auf dem Wasser. Denk nur an all die Kurven, Bremsmanöver und Turbulenzen!

Sobald das Fahrzeug sein Ziel erreicht hat - vielleicht ein Verteilzentrum, einen Flughafen oder sogar dein lokales Postamt - beginnt der Entladungsprozess. Hier muss alles wieder heraus, und das möglichst schnell und effizient, um die nächste Lieferung vorzubereiten. Die Mitarbeiter überprüfen die Pakete, sortieren sie und stellen sicher, dass sie an den richtigen Ort gelangen.

Wenn du also das nächste Mal auf dein Paket wartest, bedenke, welch faszinierenden Tanz der Be- und Entladung es hinter sich hat. Ein Balanceakt aus Präzision, Timing und Sorgfalt, um sicherzustellen, dass deine Bestellung sicher und unbeschädigt bei dir ankommt. Das nächste Mal, wenn du den Lieferwagen oder das Flugzeug vorbeiziehen siehst, erinnere dich an das beeindruckende Ballett, das im Hintergrund abläuft. Es ist wahrlich mehr, als man auf den ersten Blick erkennt!

Before Breaking Bulk (BBB): Bevor das große Auspacken beginnt

Du kennst das Gefühl, wenn du voller Vorfreude eine riesige Geschenkbox öffnest, in der viele kleine Päckchen sind? Bevor du jedes einzelne Päckchen herausnimmst und auspackst, checkst du vielleicht erst mal alles drumherum, oder? So ähnlich kannst du dir "Before Breaking Bulk" (kurz: BBB) im Transportbereich vorstellen.

"Breaking Bulk" ist ein Begriff aus der Schifffahrt und bedeutet, dass man anfängt, die großen Ladungen eines Schiffes zu öffnen und die einzelnen Güter herauszunehmen. Dies kann z.B. ein Container sein, in dem viele verschiedene Kisten mit unterschiedlichen Waren sind.

Nun zum "Before", also "bevor": "Before Breaking Bulk" bezieht sich auf alles, was vor diesem Auspackprozess passiert. Zum Beispiel müssen oft Zahlungen geleistet oder bestimmte Dokumente überprüft werden, bevor man damit beginnen kann, die Ware auszuladen. Es geht also darum, sicherzustellen, dass alles in Ordnung ist, bevor man mit dem eigentlichen Entladen beginnt.

Stell dir vor, du hättest ein riesiges LEGO-Set bestellt, und bevor du den Karton öffnest und mit dem Bauen beginnst, willst du sicher sein, dass du auch wirklich das richtige Set und alle nötigen Teile bekommen hast. Genau das ist das Prinzip von BBB, nur in viel größerem Maßstab und oft mit viel mehr Papierkram!

Kurz gesagt: "Before Breaking Bulk" ist ein wichtiger Schritt in der Transport- und Logistikwelt, um sicherzustellen, dass alles korrekt abläuft, bevor das "große Auspacken" beginnt.

Beschaffungslogistik: Das große Einkaufen für Unternehmen

Du kennst sicherlich das Gefühl, wenn der Kühlschrank leer ist und du einkaufen gehen musst. Du machst eine Liste von allem, was du brauchst, gehst zum Supermarkt, besorgst die Sachen und bringst sie nach Hause. Einfach, oder?

Nun stell dir vor, du müsstest das nicht nur für dich oder deine Familie tun, sondern für ein ganzes Unternehmen. Und es geht nicht nur um Essen, sondern um alles Mögliche – von Maschinenteilen über Büromaterial bis hin zu Rohstoffen für die Produktion.

Genau darum kümmert sich die Beschaffungslogistik. Es geht darum, alles, was ein Unternehmen braucht, rechtzeitig, in der richtigen Menge und Qualität und zum besten Preis zu besorgen. Dabei müssen viele Dinge beachtet werden: Wie viel von welchem Produkt wird benötigt? Wo bekommt man es am günstigsten? Wie wird es geliefert? Wie lange dauert der Transport? Wo wird es gelagert, bis es gebraucht wird?

Das alles muss gut geplant und organisiert sein, damit das Unternehmen reibungslos arbeiten kann. Wenn z.B. eine Autoproduktionsfirma nicht rechtzeitig die benötigten Teile bekommt, kann die Produktion ins Stocken geraten, und das kostet Zeit und Geld.

Die Beschaffungslogistik ist also ein sehr wichtiger Bereich, der dafür sorgt, dass alles, was ein Unternehmen zum Funktionieren braucht, rechtzeitig und effizient bereitgestellt wird. Es ist quasi wie ein großes Puzzle, bei dem alle Teile genau passen müssen, damit am Ende ein funktionierendes Ganzes entsteht.

Bestandsmanagement: Das unsichtbare System hinter deinem Online-Shopping

Wenn du jemals online eingekauft hast und dir überlegt hast, ob das coole neue Shirt oder die speziellen Turnschuhe noch auf Lager sind, dann bist du bereits auf die Welt des Bestandsmanagements gestoßen, ohne es zu wissen. Es ist das unsichtbare System, das sicherstellt, dass die Artikel, die du online siehst, auch tatsächlich verfügbar sind.

Stell dir Bestandsmanagement vor wie ein intelligentes Regalsystem in deinem Kleiderschrank. Du weißt immer genau, wie viele T-Shirts, Jeans und Schuhe du hast und wann es Zeit ist, ein paar neue Sachen zu kaufen, damit du nicht plötzlich ohne da stehst. Für große Unternehmen, die Tausende oder sogar Millionen von Artikeln verkaufen, ist dieses System noch komplexer.

Es geht nicht nur darum zu wissen, wie viel von einem Artikel noch vorhanden ist. Es geht auch darum, vorherzusagen, welche Produkte bald beliebt sein könnten, damit man nicht ausverkauft ist, wenn plötzlich alle dasselbe coole neue Gadget haben wollen. Und wenn der Winter kommt? Dann möchten die Unternehmen sicherstellen, dass sie genügend Pullover und Jacken haben und nicht zu viele Badehosen.

Ein weiterer wichtiger Aspekt des Bestandsmanagements ist die Platzierung. Wenn ein Produkt in Berlin sehr gefragt ist, aber alle Bestände in Hamburg lagern, gibt es ein Problem. Daher müssen Unternehmen vorausschauend planen, wo sie ihre Bestände lagern, um Lieferungen so schnell und effizient wie möglich zu gestalten.

Ohne Bestandsmanagement könnte es sein, dass du eine Ewigkeit auf deine Bestellung warten müsstest, weil der Artikel erst noch produziert oder aus einem weit entfernten Lager transportiert werden müsste. Aber dank dieses cleveren Systems kannst du darauf vertrauen, dass das, was du online siehst, auch tatsächlich schnell zu dir nach Hause geliefert werden kann.

Das nächste Mal, wenn du also online etwas bestellst und es in Rekordzeit bei dir ankommt, denk daran: Ein ausgeklügeltes System des Bestandsmanagements hat im Hintergrund für dich gearbeitet. Es ist die unsichtbare Magie, die die Online-Shopping-Welt am Laufen hält!

Bestimmungsort: Das Ziel deiner Online-Bestellung

Du hast bestimmt schon mal etwas online bestellt, oder? Ein neues Videospiel, eine coole Jacke, vielleicht sogar ein Geschenk für jemanden. Wenn du deine Bestellung abschickst, gibst du eine Adresse an – das ist der Ort, an dem dein Paket schließlich ankommen soll. Dieser Ort wird in der Logistik als "Bestimmungsort" bezeichnet.

Stell dir vor, du bestellst eine Pizza. Der Lieferdienst muss wissen, wohin er die Pizza bringen soll, damit du sie heiß und lecker genießen kannst. Deine Adresse ist in diesem Fall der Bestimmungsort der Pizza. Genauso ist es bei größeren Sendungen, egal ob es sich um ein kleines Paket, einen Container voller Waren oder sogar um große Maschinen handelt.

Der Bestimmungsort ist wichtig, weil er bestimmt, wie die Ware transportiert wird und welche Route sie nimmt. Ein Paket, das von Berlin nach Hamburg geschickt wird, nimmt natürlich einen anderen Weg als eines, das von Berlin nach München geht.

Und es geht nicht nur um den physischen Ort. Der Bestimmungsort kann auch bestimmte Anforderungen und Regeln haben. Wenn du beispielsweise etwas ins Ausland schickst, gibt es Zollbestimmungen und -gebühren, die beachtet werden müssen.

Kurz gesagt, der Bestimmungsort ist das Ziel einer Lieferung. Es ist der Ort, an dem die Ware erwartet wird und wo sie schließlich in den Händen des Empfängers landet – sei es eine Pizza in deinen Händen oder ein großes Paket vor deiner Haustür.

Betriebsmittel: Das Herzstück hinter jedem coolen Projekt

Wenn du an große Unternehmen, Werkstätten oder vielleicht sogar an den YouTube-Kanal deines Lieblings-Bastlers denkst, wirst du feststellen, dass hinter all den beeindruckenden Projekten und Produkten eine Menge Werkzeuge und Ausrüstung stehen. Diese Werkzeuge und Ausrüstungen, die benötigt werden, um ein Produkt herzustellen oder eine Dienstleistung zu erbringen, nennt man "Betriebsmittel".

Ein einfacher Vergleich: Stell dir vor, du möchtest einen YouTube-Kanal starten, auf dem du Videos über Gitarrenspielen machst. Die Gitarre allein reicht nicht aus. Du brauchst auch eine Kamera, um dich zu filmen, ein Mikrofon für guten Sound, Licht für die richtige Stimmung und vielleicht sogar spezielle Software, um deine Videos zu bearbeiten. All diese Dinge sind deine Betriebsmittel – sie helfen dir, dein Endprodukt, in diesem Fall ein YouTube-Video, zu erstellen.
In größeren Maßstäben, wie in Fabriken, bezieht sich "Betriebsmittel" auf alles von den riesigen Maschinen, die benutzt werden, um Autos oder Smartphones herzustellen, bis hin zu den spezialisierten Werkzeugen, die von Handwerkern verwendet werden. Sie können auch nicht physischer Natur sein, wie Software, die Unternehmen nutzen, um ihre Buchhaltung zu führen oder den Verkauf zu tracken. Ohne die richtigen Betriebsmittel wären viele der Dinge, die wir täglich nutzen oder konsumieren, nicht möglich. Sie sind oft die unsichtbaren Helden hinter dem Endprodukt, die dafür sorgen, dass alles reibungslos funktioniert.

Das Coole daran? Jedes Mal, wenn du ein neues Hobby oder Interesse entwickelst, wirst du wahrscheinlich mit einer neuen Reihe von Betriebsmitteln konfrontiert. Und wer weiß, vielleicht entdeckst du dabei eine neue Leidenschaft oder einen zukünftigen Beruf. Denn hinter jedem großartigen Werk steht immer das richtige Werkzeug!

Bilateraler Transport: Ein Hin-und-Her zwischen zwei Ländern

Kennst du das Gefühl, wenn du zwischen zwei Freundesgruppen hin- und her-
pendelst? Du bringst Nachrichten von der einen Gruppe zur anderen, tauschst
Neuigkeiten aus und bist so eine Art Botschafter zwischen den beiden. Nun, in
der Welt des Transports gibt es ein ähnliches Konzept, und es wird als "bilateraler Transport" bezeichnet.

Stell dir vor, es gibt zwei Länder, Land A und Land B. Ein Lastwagen aus Land
A möchte Waren nach Land B liefern. Das allein wäre ein einfacher internationaler Transport. Aber wenn dieser Lastwagen, nachdem er seine Waren in Land
B abgeliefert hat, nicht leer zurückfahren möchte, sondern Waren aus Land B
mitnimmt und sie zurück nach Land A transportiert, dann wird das Ganze zu
einem "bilateralen Transport". Es ist also wie ein geschäftliches Hin- und Her
zwischen zwei Ländern.

Der bilaterale Transport ist ziemlich praktisch, wenn man darüber nachdenkt.
Anstatt dass der Lastwagen oder das Transportmittel leer zurückkehrt, nutzt er
die Gelegenheit, um eine neue Fracht aufzunehmen und dabei weiterhin Geld
zu verdienen. Es ist eine Win-Win-Situation: Die Länder tauschen Waren aus,
der Transport wird effizienter, und es werden weniger leere Fahrten gemacht,
was auch gut für die Umwelt ist.

Also, jedes Mal, wenn du in Zukunft den Begriff "bilateraler Transport" hörst,
stell dir einfach einen Lastwagen vor, der zwischen zwei Ländern hin- und her-
pendelt, ähnlich wie du zwischen deinen Freundesgruppen. Es ist der Beweis
dafür, dass das Prinzip des Hin- und Herpendelns nicht nur im sozialen Leben,
sondern auch in der Geschäftswelt ziemlich cool sein kann!

Bill of Lading: Der Reisepass deiner Ware auf hoher See

Wenn du jemals gereist bist, weißt du, wie wichtig ein Reisepass oder ein Ticket ist. Es ist dein Beweis, dass du berechtigt bist, von einem Ort zum anderen zu reisen, und es hält wichtige Informationen über dich fest. In der Welt der Seefracht gibt es auch so ein "Ticket", und es nennt sich "Bill of Lading" oder auf Deutsch "Seefrachtbrief".

Stell dir vor, du bestellst ein cooles neues Gadget aus einem anderen Land, und dieses Gadget macht eine epische Reise über die Ozeane, um zu dir zu gelangen. Der "Bill of Lading" ist das offizielle Dokument, das diese Reise begleitet. Es bestätigt nicht nur, dass die Ware tatsächlich an Bord des Schiffes ist, sondern gibt auch an, wohin sie geht, wer der Absender und der Empfänger ist und welche genaue Menge transportiert wird.

Aber es geht nicht nur um eine einfache Bestätigung. Dieses Papier ist ziemlich mächtig! Wenn es Probleme gibt - sagen wir, das Gadget kommt beschädigt bei dir an oder geht verloren - dann ist der Bill of Lading der Schlüssel, um herauszufinden, wer dafür verantwortlich ist. Es ist auch ein rechtlich bindendes Dokument. Das bedeutet, dass es in der Geschäftswelt ernst genommen wird und du dich darauf verlassen kannst, dass es wie ein Sicherheitsnetz für deine Ware fungiert.

Also, während dieses coole Gadget, das du bestellt hast, seine epische Reise über die Meere antritt, gibt es dieses unscheinbare Stück Papier, das sicherstellt, dass alles nach Plan läuft. Der Bill of Lading ist sozusagen der stille Held im Hintergrund, der dafür sorgt, dass die Geschichten des internationalen Handels reibungslos verlaufen. Es ist faszinierend zu denken, dass hinter jedem importierten Gegenstand, den du besitzt, eine solche Geschichte steckt, oder?

Binnenschifffahrt: Die stillen Giganten unserer Flüsse und Seen

Hast du jemals einen Sommertag am Flussufer oder an einem See verbracht und plötzlich ein riesiges Schiff vorbeiziehen sehen, beladen mit Containern, Autos oder vielleicht sogar ganzen Bäumen? Das ist die Binnenschifffahrt in Aktion, ein oft übersehenes, aber zentrales Element unserer Transportwelt.

Die Binnenschifffahrt bezieht sich auf den Transport von Gütern und Personen über Flüsse, Seen und Kanäle innerhalb eines Landes. Im Gegensatz zur Hochseeschifffahrt, bei der riesige Schiffe über die Ozeane fahren, bewegen sich Binnenschiffe auf den "inneren" Wasserwegen. Dabei sind sie oft leiser und umweltfreundlicher als ihre Gegenstücke auf der Straße. Denk mal darüber nach: Ein einzelnes Binnenschiff kann die Ladung von Hunderten von Lastwagen tragen. Das entlastet unsere Straßen, reduziert Staus und schont die Umwelt durch den geringeren CO2-Ausstoß. Außerdem ist es oft billiger, Dinge per Schiff zu transportieren, besonders wenn es sich um große und schwere Ladungen handelt. Aber die Binnenschifffahrt ist nicht nur für den Warentransport wichtig. In einigen Städten gibt es Passagierschiffe oder Fähren, die Menschen von einem Ufer zum anderen oder sogar von Stadt zu Stadt befördern. Es ist eine entspannte Art zu reisen, fernab vom Lärm und der Hektik des Straßenverkehrs.

Es ist also erstaunlich zu sehen, wie diese mächtigen Schiffe leise ihre Bahnen ziehen, oft unbemerkt im Hintergrund unserer geschäftigen Leben. Sie erinnern uns daran, dass es nicht immer die lautesten oder offensichtlichsten Dinge sind, die den größten Einfluss haben. Das nächste Mal, wenn du am Wasser sitzt und ein Binnenschiff vorbeiziehen siehst, nimm dir einen Moment Zeit, um es zu würdigen und über all die coolen Dinge nachzudenken, die es in unserer Welt ermöglicht.

Blocklager: Wie Tetris in der echten Welt

Du kennst sicher das Spiel Tetris, oder? Wo du versuchst, unterschiedlich geformte Blöcke so zu stapeln, dass sie perfekt ineinanderpassen und keine Lücken hinterlassen. Nun, in der Welt der Logistik gibt es eine Lagermethode, die ein bisschen wie Tetris in Echtgröße funktioniert: das Blocklager.

Im Blocklager werden Waren, meistens auf Paletten, direkt nebeneinander und übereinander gestapelt, ohne dass Regale dazwischen sind. Das ist so, als würdest du riesige Tetris-Blöcke in einem Lagerhaus stapeln. Der Vorteil davon? Es spart Platz und ist oft günstiger, weil man keine teuren Regalsysteme braucht.

Es gibt aber auch Nachteile. Stell dir vor, du spielst Tetris und musst einen bestimmten Block aus der Mitte des Spielfelds entfernen, ohne die anderen zu berühren. Das wäre ziemlich schwierig, nicht wahr? Im Blocklager ist es genauso. Wenn du eine Palette aus der Mitte eines Stapels brauchst, kann das ziemlich kompliziert werden. Daher eignet sich das Blocklager am besten für Waren, die in großen Mengen eingelagert und dann auch wieder komplett abgerufen werden, anstatt immer nur ein bisschen hier und da.

Kurz gesagt, das Blocklager ist wie ein großes Tetris-Spiel für Waren. Es ist nicht immer die praktischste Lösung, aber wenn es funktioniert, ist es eine geniale Möglichkeit, Platz zu sparen und Kosten zu senken.

Blockzug: Wenn Züge im 'Paket' reisen

Klingt "Blockzug" für dich erstmal wie ein Begriff aus einem komplizierten Eisenbahnbrettspiel? Nun, im Prinzip hat es tatsächlich etwas mit dem geschickten Zusammenstellen von Zügen zu tun. Lass es mich dir näher bringen.

Stell dir vor, du und deine Freunde wollt in den Urlaub fahren. Ihr habt euch entschieden, in einem Konvoi von Autos zu reisen, wobei jedes Auto das gleiche Ziel hat. Da ihr alle das gleiche Ziel habt, müsst ihr nicht ständig anhalten, um jemanden abzusetzen oder aufzunehmen. Das macht die Reise schneller und effizienter, oder?

Genauso funktioniert ein Blockzug im Eisenbahnbereich. Es handelt sich um einen Zug, der von einem bestimmten Ausgangspunkt zu einem festen Ziel fährt, ohne dazwischen Anhänger hinzuzufügen oder zu entfernen. Alle Waggons des Zuges haben dasselbe Ziel. Dies unterscheidet den Blockzug von anderen Zügen, bei denen Waggons an verschiedenen Bahnhöfen angekoppelt oder abgekoppelt werden.

Ein weiterer Vorteil von Blockzügen ist die Geschwindigkeit. Da sie nicht ständig stoppen müssen, um Waggons zu wechseln, können sie ihre Reise oft schneller abschließen. Das ist besonders nützlich für Güter, die schnell transportiert werden müssen, wie frische Lebensmittel oder dringende Lieferungen.

Blockzüge sind also eine clevere Methode, Dinge effizient von A nach B zu bewegen. Das nächste Mal, wenn du auf dem Bahnsteig stehst und einen langen, vorbeiziehenden Güterzug siehst, könnte es gut sein, dass du einen Blockzug in Aktion siehst! Ein Zeichen dafür, wie durchdacht und optimiert unsere Transportwege heutzutage sind. Cool, oder?

Bonität: Deine finanzielle "Vertrauensbewertung"

Stell dir vor, ein Freund fragt dich nach Geld, weil er ein cooles neues Videospiel kaufen möchte. Bevor du ihm das Geld leihst, würdest du wahrscheinlich überlegen, ob er zuverlässig genug ist, um es dir zurückzugeben, richtig? Dieses Vertrauen, dass jemand seine Schulden zurückzahlt, nennt man in der Finanzwelt "Bonität".

Wenn Erwachsene z.B. einen Kredit bei der Bank aufnehmen wollen oder eine Wohnung mieten möchten, prüfen Banken oder Vermieter oft die Bonität dieser Person. Das ist so, als würden sie nachsehen, wie zuverlässig jemand in der Vergangenheit mit Geld umgegangen ist. Haben sie ihre Rechnungen immer pünktlich bezahlt? Hatten sie schon mal Schulden, die sie nicht zurückgezahlt haben?

Es gibt Unternehmen, die sich darauf spezialisiert haben, die Bonität von Personen zu bewerten. Sie sammeln Informationen über das Zahlungsverhalten und erstellen daraus einen "Score" - eine Zahl, die anzeigt, wie hoch das Risiko ist, dass jemand seine Schulden nicht zurückzahlt. Je höher dieser Score, desto besser die Bonität.

Eine gute Bonität zu haben ist ziemlich wichtig. Sie beeinflusst, ob du z.B. einen Kredit bekommst und zu welchen Konditionen. Es ist also wie eine Art "Bewertung" deiner finanziellen Zuverlässigkeit.

Kurz gesagt, Bonität ist wie das Vertrauen, das du einem Freund entgegenbringst, wenn er sich Geld von dir leihen möchte – nur eben im großen Stil und für Erwachsene. Es lohnt sich also, gut mit Geld umzugehen und Rechnungen rechtzeitig zu bezahlen!

Break-Bulk-Cargo: Puzzle-Spiele auf hoher See

Hast du schon mal ein Puzzle zusammengesetzt? All die verschiedenen Teile, die perfekt ineinanderpassen müssen, um ein Bild zu erstellen. Jetzt stelle dir vor, anstelle von Puzzleteilen handelt es sich um riesige Kisten, Taschen und Maschinen. Das ist im Grunde das Konzept von "Break-Bulk-Cargo".

"Break-Bulk" klingt wie ein Fremdwort, oder? Aber lass es uns aufteilen. "Break" bedeutet, dass man Dinge in kleinere Einheiten aufteilt, während "Bulk" im Grunde eine große Menge von etwas beschreibt. Bei Break-Bulk-Cargo handelt es sich um Fracht, die nicht in Containern transportiert wird, sondern als einzelne Stücke. Das können große Maschinen, Säcke mit Kaffeebohnen, Holzbretter oder sogar Autos sein.

Vor der Erfindung von Containern, die heute in der Seefracht so verbreitet sind, war Break-Bulk die Hauptmethode, um Waren auf Schiffen zu transportieren. Man kann sich das wie ein gigantisches Tetris-Spiel vorstellen, bei dem Arbeiter jedes einzelne Stück so auf das Schiff laden mussten, dass alles passt, stabil bleibt und schnell entladen werden kann.

Obwohl Container heute weit verbreitet sind, gibt es immer noch viele Güter, die einfach nicht in Standardcontainer passen oder spezielle Bedingungen erfordern. Für diese Waren ist Break-Bulk immer noch die Methode der Wahl.

Manchmal ist es also sinnvoller, den großen "Puzzle"-Ansatz zu wählen und Dinge Stück für Stück zu handhaben. Das zeigt, dass auch in unserer modernen, technologiegetriebenen Welt manchmal die altmodische Methode am besten funktioniert. Und wenn du das nächste Mal ein Schiff siehst, das mit allen möglichen Gegenständen beladen ist, weißt du: Das ist Break-Bulk-Cargo in Aktion!

Broker (Zoll): Die Übersetzer zwischen Waren und Gesetzen

Wenn du jemals versucht hast, dich durch die Anforderungen eines neuen Videospiels zu arbeiten oder die Regeln eines neuen Brettspiels zu verstehen, dann weißt du, wie verwirrend Anweisungen manchmal sein können. Jetzt stell dir vor, diese Anweisungen sind in einer anderen Sprache und es gibt riesige Geldstrafen, wenn du sie falsch verstehst. Erschwerend kommt hinzu, dass diese Anweisungen ständig ändern können. Kompliziert, oder?

Das ist im Grunde die Welt des internationalen Handels. Wenn Waren von einem Land in ein anderes verschifft werden, müssen sie bestimmten Vorschriften und Regeln folgen, die oft sehr komplex sind. Das sind die Zollvorschriften.

Hier kommen die "Broker" ins Spiel, insbesondere Zollbroker. Sie sind so etwas wie professionelle Übersetzer und Navigatoren für den internationalen Handel. Ihr Hauptziel? Sicherstellen, dass Waren korrekt und legal von einem Ort zum anderen gelangen, ohne dass dabei gegen irgendwelche Regeln verstoßen wird.Ein Zollbroker arbeitet eng mit Unternehmen zusammen, die international handeln, und stellt sicher, dass alle Papiere korrekt ausgefüllt sind, alle Steuern und Gebühren bezahlt werden und dass die Ware die Grenze ohne Probleme oder Verzögerungen überquert. Sie halten sich ständig auf dem Laufenden über Änderungen in den Zollvorschriften und sind oft die Retter in der Not, wenn es darum geht, komplizierte Handelsfragen zu klären.

Also, das nächste Mal, wenn du ein cooles Produkt aus einem anderen Land in den Händen hältst, erinnere dich daran: Wahrscheinlich hat ein Zollbroker geholfen, es zu dir zu bringen, indem er sicherstellte, dass alle Regeln eingehalten wurden. Es ist, als hätte jemand für dich das Regelbuch eines komplexen Spiels entschlüsselt!

Bundesamt für Güterverkehr (BAG/BALM): Die "Verkehrs-Polizei" für Lastwagen

Wenn du schon mal auf der Autobahn unterwegs warst, ist dir bestimmt aufgefallen, dass es jede Menge Lastwagen gibt. Diese großen Lkws transportieren Waren von A nach B und sorgen dafür, dass in deinem Supermarkt die Regale immer voll sind. Aber wer stellt sicher, dass diese Lastwagen sicher und regelkonform unterwegs sind? Hier kommt das Bundesamt für Güterverkehr, kurz BAG, ins Spiel.

Das BAG ist sozusagen die "Verkehrs-Polizei" für den Güterverkehr in Deutschland. Es kontrolliert, ob Lastwagen und Busse sicher sind und ob die Unternehmen, die diese Fahrzeuge betreiben, alle Vorschriften einhalten. Das kann alles Mögliche beinhalten, von der Sicherheit des Fahrzeugs bis hin zu den Arbeitszeiten der Fahrer.

Aber das BAG tut noch mehr: Es sammelt auch Daten über den Güterverkehr, vergibt Lizenzen für Transportunternehmen und kümmert sich darum, dass der Verkehr flüssig läuft. Es sorgt also im Grunde dafür, dass alles reibungslos abläuft, wenn Waren auf deutschen Straßen transportiert werden.

Das nächste Mal, wenn du also einen Lastwagen auf der Autobahn siehst, denk daran: Es gibt eine Behörde, das BAG, die im Hintergrund arbeitet, um sicherzustellen, dass alles sicher und nach Plan verläuft. Und das ist ziemlich cool, oder?

Bunkerzuschlag: Warum der Preis fürs Tanken Schiffe beeinflusst

Stell dir vor, du bist mit deinen Freunden unterwegs, und ihr wollt das Auto volltanken. Je nachdem, wie teuer der Sprit gerade ist, kann das ganz schön ins Geld gehen. So ähnlich ist das auch mit großen Schiffen, die Waren über die Ozeane transportieren – nur dass sie kein Benzin, sondern Schweröl oder andere Treibstoffe tanken. Dieses Öl zum Betreiben der Schiffe wird "Bunker" genannt.

Jetzt zum Bunkerzuschlag: Da der Preis für dieses Schweröl ständig schwankt, je nach Angebot und Nachfrage auf den Weltmärkten, kann es für Reedereien ziemlich unsicher sein, wie teuer der nächste Tankstopp wird. Um sich gegen diese Schwankungen abzusichern, erheben viele Reedereien einen sogenannten Bunkerzuschlag. Dieser Zuschlag wird auf den Frachtpreis aufgeschlagen und hilft den Reedereien dabei, die zusätzlichen Kosten für teureres Schweröl abzudecken.

Für Unternehmen, die Waren mit Schiffen transportieren, bedeutet das: Sie müssen nicht nur die eigentliche Fracht bezahlen, sondern auch den Bunkerzuschlag, der je nach aktuellem Ölpreis variiert. Das ist ein bisschen so, als würdest du bei einer längeren Autofahrt nicht nur das Benzin bezahlen, sondern auch einen kleinen Aufpreis, je nachdem wie teuer das Benzin gerade ist.

Das nächste Mal, wenn du also etwas bestellst und es über den Seeweg zu dir kommt, denke daran, dass ein kleiner Teil des Preises für dieses ständige Auf und Ab der Treibstoffpreise draufgeht!

Business to Business (B2B): Wenn Unternehmen unter sich sind

Kennst du das Gefühl, wenn du in einem Onlineshop einkaufst? Du suchst dir etwas aus, legst es in den Warenkorb und bestellst. Diesen Prozess bezeichnen wir als "Business to Consumer" (B2C) - ein Unternehmen verkauft direkt an dich, den Endverbraucher.

Jetzt stell dir vor, statt dir wäre es ein anderes Unternehmen, das einkauft. Zum Beispiel ein Handyhersteller, der bei einem anderen Unternehmen Teile für seine Handys bestellt. Das ist, was man unter "Business to Business" oder kurz B2B versteht. Es handelt sich dabei um Geschäfte, die von einem Unternehmen zu einem anderen Unternehmen gemacht werden.

B2B unterscheidet sich ziemlich stark von B2C. Statt einzelner Produkte werden oft große Mengen bestellt, und es geht um viel Geld. Die Beziehungen zwischen den Unternehmen sind meistens langfristig und basieren auf Verträgen. Und anstatt Werbung für die breite Masse zu machen, wie es bei Produkten für Endverbraucher der Fall ist, sind B2B-Marketingaktionen sehr zielgerichtet, um genau die richtigen Geschäftspartner anzusprechen.

Ein weiteres Beispiel: Ein Café kauft Kaffeebohnen nicht im Supermarkt, sondern direkt von einem großen Kaffee-Lieferanten oder sogar direkt von einer Kaffeeplantage. Das ist ebenfalls ein B2B-Geschäft.

Also, wenn du das nächste Mal in einem Café sitzt und deinen Kaffee genießt, denk dran: Hinter jedem Schluck steckt eine ganze Kette von B2B-Transaktionen, die es ermöglichen, dass du diesen Kaffee überhaupt trinken kannst!

Business to Consumer (B2C): Wo Unternehmen dich direkt ansprechen

Du surfst im Internet, stößt auf einen coolen Onlineshop und kaufst dir ein neues T-Shirt. Oder du gehst ins Einkaufszentrum und holst dir die neuesten Sneaker. In beiden Fällen erlebst du, was man als "Business to Consumer" (B2C) bezeichnet. Das bedeutet, dass ein Unternehmen seine Produkte oder Dienstleistungen direkt an uns, die Endverbraucher, verkauft.

B2C ist überall um uns herum. Jedes Mal, wenn du etwas als Einzelperson kaufst - sei es ein Kinoticket, ein Buch oder ein Smartphone - befindest du dich in der Welt des B2C. Es ist das direkte Gegenteil von "Business to Business" (B2B), wo Unternehmen untereinander handeln.

Die Werbung, die du im Fernsehen, im Radio oder auf Websites siehst, ist oft B2C-Werbung. Unternehmen versuchen, ihre Produkte so attraktiv wie möglich für dich zu machen. Sie möchten, dass du ihr Produkt wählst und nicht das der Konkurrenz.

Ein wichtiger Punkt beim B2C ist das Kundenerlebnis. Unternehmen möchten, dass du dich wohlfühlst, wenn du bei ihnen einkaufst. Deshalb legen sie Wert auf freundlichen Kundenservice, einfache Rückgabeprozesse oder schnelle Lieferungen. Ein weiteres Beispiel: Du bestellst dir eine Pizza über eine App. Der Pizzadienst, der dir die Pizza nach Hause liefert, betreibt B2C, weil er seine Produkte direkt an dich, den Endverbraucher, verkauft.

Kurz gesagt: Im B2C dreht sich alles um dich und mich - die Endverbraucher. Es geht darum, uns glücklich zu machen, uns tolle Produkte anzubieten und sicherzustellen, dass wir immer wieder kommen. Denn ein zufriedener Kunde ist ein wiederkehrender Kunde!

Carnet ATA: Der "Reisepass" für Waren

Stell dir vor, du hast eine coole Band und möchtest auf einer internationalen Tournee durch verschiedene Länder spielen. Dabei willst du natürlich deine Instrumente mitnehmen. Doch jedes Land hat eigene Zollbestimmungen und normalerweise müsstest du bei jeder Ein- und Ausreise diese Instrumente beim Zoll anmelden und teils Gebühren zahlen. Das klingt nach einem Alptraum, oder?

Genau hier kommt das Carnet ATA ins Spiel. Es ist wie ein "Reisepass" für Waren und erleichtert die temporäre Einfuhr von Gütern in andere Länder. Mit diesem Dokument kannst du bestimmte Waren - wie Musikinstrumente, Messeausrüstungen oder Berufsausrüstungen - vorübergehend in ein anderes Land einführen, ohne Zölle oder Steuern zu zahlen. Und das Beste daran? Nach deiner Tournee oder Veranstaltung kannst du die Waren wieder ausführen, ohne zusätzliche Komplikationen.

"ATA" steht übrigens für die französische und englische Bezeichnung "Admission Temporaire/Temporary Admission". Das Carnet ATA wird von den Handelskammern ausgestellt und ist in vielen Ländern anerkannt.

Das System ist super praktisch, weil es Zeit und Geld spart. Aber Achtung: Das Carnet ATA gilt nur für temporäre Einfuhren. Wenn du also vorhast, etwas dauerhaft in einem anderen Land zu lassen, ist das Carnet ATA nicht das Richtige dafür.

Kurz gesagt, mit dem Carnet ATA wird das internationale Reisen mit Waren so einfach wie das Durchblättern eines Reisepasses an der Grenze! Es ist wie eine VIP-Karte für deine Sachen.

Chaotische Lagerhaltung: Das organisierte Durcheinander

Stell dir vor, du hättest ein riesiges Zimmer nur für deine Sneakersammlung. Ein Traum, oder? Nun stell dir vor, du würdest jedes neue Paar immer genau an denselben Ort stellen, egal ob Platz ist oder nicht. Klingt unpraktisch? Genau, und deshalb gibt es in der Logistik die chaotische Lagerhaltung.

Der Name „chaotische Lagerhaltung" klingt erstmal... naja, chaotisch. Aber in Wirklichkeit ist es eine ziemlich clevere Methode, Dinge in einem Lager zu organisieren. Anstatt dass jedes Produkt oder jeder Artikel einen festen Platz hat (so wie du vielleicht bestimmte Regale für bestimmte Schuharten hättest), wird bei der chaotischen Lagerhaltung jeder Artikel einfach da abgelegt, wo gerade Platz ist. Ein Computer sagt dann genau, wo das Produkt liegt und wie es am schnellsten wieder gefunden wird.

Das hat mehrere Vorteile:

Flexibilität: Wenn plötzlich ein riesiger Schwung neuer Sneaker eintrifft, gibt es keinen Stress, einen bestimmten Platz dafür zu finden. Einfach ablegen, wo Platz ist!
Platzersparnis: Da die Regale immer bestmöglich gefüllt werden, gibt es kaum verschwendeten Raum.
Schnellere Ein- und Auslagerung: Mit einem guten Computerprogramm weißt du immer genau, wo was liegt. Also keine Zeit verlieren mit ewigem Suchen!
Denk also dran: Manchmal kann ein bisschen Chaos ziemlich clever sein – solange es gut organisiert ist! Es ist, als würdest du deine Sneakers jedes Mal an einen anderen Ort im Zimmer stellen, aber du hättest eine coole App, die dir genau sagt, wo jedes Paar ist. Willkommen in der modernen Welt der Lagerhaltung!

Chargenfertigung: Wenn die Maschine nicht nur einen, sondern mehrere Lieblingssnacks zubereitet

Okay, stell dir vor, du hast eine mega coole Maschine zu Hause, die Snacks herstellen kann. Heute hast du Lust auf Popcorn. Morgen vielleicht auf Chips. Und übermorgen könnten es Schokoriegel sein. Aber anstatt, dass deine Maschine nur einen Snack zur Zeit herstellen kann und dann immer wieder neu umgebaut werden muss, stellt sie eine ganze Menge von einem Snack her, bevor sie zum nächsten wechselt. Das ist im Prinzip das Konzept der Chargenfertigung!

In der Industrie bedeutet "Chargenfertigung", dass Produkte in bestimmten Mengen oder "Chargen" produziert werden. Nehmen wir zum Beispiel eine Fabrik, die Shampoo und Duschgel herstellt. Es wäre ziemlich ineffizient, wenn sie für jedes einzelne Fläschchen Shampoo die Maschinen umstellen und dann für jedes Duschgel wieder zurückstellen müsste. Also, was macht die Fabrik? Sie stellt zuerst eine große Menge, also eine Charge, von Shampoo her und danach eine Charge von Duschgel.

Die Vorteile?

- **Effizienz:** Maschinen müssen nicht ständig umgebaut oder umgestellt werden. Das spart Zeit und Geld.
- **Flexibilität:** Wenn sich herausstellt, dass ein Produkt besonders beliebt ist (z.B. alle wollen plötzlich dieses eine Kokosnuss-Shampoo), kann die Fabrik schnell reagieren und einfach mehr davon in der nächsten Charge herstellen.
- **Weniger Fehler:** Da man sich auf eine Sache konzentriert, reduziert man die Fehlerquote.

Aber wie bei allem gibt es auch Nachteile. Wenn ein Fehler in einer Charge auftritt, dann sind womöglich viele Produkte auf einmal betroffen. Oder wenn die Nachfrage plötzlich sinkt, sitzt man vielleicht auf einer großen Menge eines Produkts fest, das keiner mehr haben will.

Dennoch ist die Chargenfertigung für viele Unternehmen ein sinnvoller Mittelweg zwischen Einzelfertigung (ein Produkt nach dem anderen) und Massenfertigung (Millionen gleicher Produkte am Fließband). Es ist also quasi wie deine Snack-Maschine, die erst eine Woche lang Popcorn für deine Filmabende und dann eine Woche lang Chips für die Spieleabende produziert. Cool, oder?

Chartern: Ein Boot mieten wie ein Skateboard

Stell dir vor, du und deine Freunde wollen für einen Tag in den Skatepark, aber keiner von euch hat ein Skateboard. Was würdet ihr tun? Klar, ihr könntet euch ein Skateboard leihen oder "mieten". In der Welt der großen Transportmittel, wie Schiffe oder Flugzeuge, nennt man dieses Mieten "Chartern".

Wenn jemand ein Schiff oder Flugzeug chartert, dann mietet er es für eine bestimmte Zeit oder für eine spezielle Reise. Das kann privat sein, wie eine Yacht für einen Urlaub, oder geschäftlich, z.B. wenn eine Firma ein ganzes Flugzeug für den Transport ihrer Waren chartert.

Man unterscheidet dabei zwischen "Vollcharter" und "Teilcharter". Beim Vollcharter mietest du das ganze Transportmittel, also zum Beispiel das gesamte Schiff. Bei einem Teilcharter mietest du nur einen Teil davon, z.B. den Frachtraum eines Flugzeugs, während andere Kunden den Rest nutzen können.

Das Chartern ist also superflexibel. Wenn du spezielle Anforderungen oder Wünsche hast, kannst du das Transportmittel so nutzen, wie es für dich am besten passt. Es ist so, als würdest du dein gemietetes Skateboard mit deinen eigenen Stickern dekorieren und es für den Tag zu DEINEM Skateboard machen.

Also, egal ob es um ein Skateboard im Park oder ein großes Schiff auf dem Meer geht – das Prinzip des Mietens oder Charterns bleibt dasselbe: Du nutzt etwas für eine Weile, als wäre es dein Eigenes, und gibst es dann zurück. Das ist Chartern!

CMR-Frachtbrief: Der Reisepass für deine Ware

Du kennst das bestimmt: Wenn du ins Ausland reisen willst, brauchst du einen Reisepass. Er zeigt, wer du bist, woher du kommst und wohin du willst. Aber hast du gewusst, dass auch Waren, die über Landesgrenzen transportiert werden, so etwas wie einen "Reisepass" brauchen? Dieser "Reisepass" heißt CMR-Frachtbrief.

Der CMR-Frachtbrief ist ein wichtiges Dokument im internationalen Straßengüterverkehr. "CMR" steht für "Convention relative au contrat de transport international de marchandises par route", was auf Deutsch so viel bedeutet wie "Übereinkommen über den internationalen Straßentransport von Waren". Ein ganz schöner Zungenbrecher, oder?

Einfach gesagt: Jedes Mal, wenn eine Ware mit einem LKW in ein anderes Land gefahren wird, begleitet dieser CMR-Frachtbrief die Lieferung. Er enthält alle wichtigen Informationen über die Sendung: Was wird transportiert? Wo kommt es her? Wohin soll es? Wer sind der Absender und der Empfänger? Und noch viele andere Details.

Der CMR-Frachtbrief sorgt nicht nur dafür, dass alles korrekt abläuft, sondern er ist auch ein Beweis dafür, dass eine Ware übergeben wurde und transportiert werden soll. Falls es unterwegs zu Problemen kommt, wie zum Beispiel eine beschädigte Lieferung, hilft dieser Frachtbrief dabei, herauszufinden, wer verantwortlich ist.

Stell dir also den CMR-Frachtbrief wie den Reisepass deines Lieblings-Sneakers vor, den du online in einem anderen Land bestellt hast. Er sorgt dafür, dass dein Sneaker sicher und ohne Probleme zu dir nach Hause kommt!

Coil: Die Mega-Rolle der Industrie

Jeder kennt diese kleinen Papprollen, die übrig bleiben, wenn das Toilettenpapier oder die Küchenrolle zu Ende ist. Jetzt stell dir vor, anstelle von dünnem Papier wäre massives Metall auf dieser Rolle. Klingt unglaublich, oder? Das sind Coils!

Ein Coil ist im Grunde genommen eine riesige Rolle aus Metall. Es handelt sich dabei oft um Stahl oder andere Metalle, die in der Industrie weiterverarbeitet werden. Diese Rollen können mehrere Tonnen wiegen und sind oft mehrere Meter breit!

Wozu sind sie gut? Nun, diese Metallbahnen werden in vielen Bereichen verwendet. Vielleicht hast du schon mal von einem Stahlwerk gehört. Hier wird Metall zu großen Platten oder Bahnen gewalzt. Anstatt diese dann in einzelnen Platten zu transportieren, wird das Metall einfach aufgerollt – eben zu einem Coil.

Diese Coils werden dann zu Fabriken transportiert, wo sie weiterverarbeitet werden. Beispielsweise werden daraus Teile für Autos, Maschinen oder auch für Gebäude hergestellt.

Das Nächste Mal, wenn du ein Auto siehst oder in einem Gebäude bist, denk daran: Ein Teil davon könnte mal ein riesiger Metallcoil gewesen sein! Es ist erstaunlich, wie aus einer einfachen Rolle etwas so Komplexes wie ein Auto entstehen kann.

Coilmulde: Das Spezialbett für schwere Rollen

Stell dir vor, du bestellst ein riesiges Poster von deiner Lieblingsband oder - serie, und es kommt in einer großen Rolle zu dir nach Hause. Jetzt stell dir vor, diese Rolle wäre aus massivem Metall und würde mehrere Tonnen wiegen! Genau solche schweren Metallrollen, auch Coils genannt, werden in der Industrie verwendet, zum Beispiel um daraus Autoteile oder Maschinen zu fertigen.

Aber wie transportiert man solch schwere und unhandliche Rollen auf der Straße? Hier kommt die Coilmulde ins Spiel!

Eine Coilmulde ist eine spezielle Vertiefung oder Mulde in der Mitte eines LKW-Aufliegers. Sie ist dafür gemacht, um diese schweren Metallrollen sicher zu transportieren. Durch die Mulde liegen die Coils tiefer, was den Schwerpunkt des LKW senkt und ihn stabiler macht. Dadurch wird die Gefahr eines Unfalls reduziert.

Wenn du also das nächste Mal auf der Autobahn neben einem LKW fährst und in der Mitte seines Aufliegers eine große Vertiefung siehst, weißt du, dass er wahrscheinlich für den Transport von schweren Coils ausgestattet ist. Es ist faszinierend, wie spezielle Anpassungen, wie die Coilmulde, dafür sorgen, dass selbst die schwersten und sperrigsten Güter sicher von A nach B kommen!

Container: Die gigantischen Legosteine des globalen Handels

Wenn du jemals mit Legosteinen gespielt hast, weißt du, wie praktisch es ist, Dinge in standardisierten, gut passenden Blöcken zu bauen. Das ist im Grunde das Prinzip hinter Containern, nur in gigantischer Größe.

Ein Container ist wie eine riesige Metallbox, und er ist der Star in der Welt des internationalen Handels. Warum? Stell dir vor, du möchtest ein Fahrrad aus Deutschland, ein Paar Sneakers aus China und einen Laptop aus den USA kaufen. Anstatt jedes dieser Produkte einzeln zu verschiffen, werden sie alle in einen Container gepackt und als eine Einheit transportiert. Das spart Zeit, Geld und vereinfacht die Logistik enorm.

Die Genialität der Container liegt in ihrer Einheitlichkeit. Sie haben standardisierte Größen – meistens siehe 20 Fuß (ca. 6 Meter) oder 40 Fuß (ca. 12 Meter) lange Versionen. Dies bedeutet, dass sie wie Bausteine gestapelt werden können: auf riesigen Frachtschiffen, dann auf Lkw oder Züge, ohne dass die Ware darin jemals berührt wird. Das bedeutet auch, dass die Verlade- und Entladevorgänge unglaublich effizient sind. Vielleicht denkst du jetzt: "Na und? Es ist nur eine Box." Aber diese "Boxen" haben die Art und Weise, wie wir Waren um die Welt transportieren, revolutioniert. Bevor die Container in den 1960er Jahren populär wurden, mussten Waren Stück für Stück geladen werden, was sowohl teuer als auch zeitaufwändig war. Mit Containern wurde alles schneller, billiger und sicherer.

Nächstes Mal, wenn du am Hafen oder auf der Autobahn einen Container siehst, denk daran, dass er nicht nur eine einfache Metallbox ist. Er ist ein Symbol für die Globalisierung, ein Meisterwerk der Logistik und eine der Hauptgründe, warum du Produkte aus der ganzen Welt so einfach und günstig kaufen kannst.

Container Yard: Das gigantische Parkhaus für Container

Stell dir mal ein Parkhaus vor, aber nicht für Autos, sondern für diese riesigen Metallboxen, die man oft auf Schiffen oder Lastwagen sieht. Genau so kann man sich einen "Container Yard" vorstellen.

Ein Container Yard ist ein riesiger Lagerplatz, speziell entwickelt, um diese großen Metallcontainer zu lagern und zu sortieren. Diese Container sind unglaublich wichtig für unsere Weltwirtschaft. Sie transportieren fast alles, von Elektronik über Kleidung bis hin zu Lebensmitteln, zwischen Ländern und Kontinenten. Einfach ausgedrückt: Wenn du etwas kaufst, das "Made in ..." ist, wurde es wahrscheinlich in einem dieser Container transportiert.

Wenn ein Schiff in einen Hafen einläuft, werden seine Container oft auf den Container Yard gebracht. Hier werden sie dann entweder auf Lastwagen oder Züge verladen, um sie zu ihrem Endziel zu transportieren. Oder sie warten einfach darauf, wieder beladen und zu einem neuen Ort verschifft zu werden.

Ein interessanter Fakt: Es gibt spezielle riesige Kräne, die dafür entwickelt wurden, diese schweren Container anzuheben und zu verladen. Sie sehen aus wie die Dinosaurier der modernen Industrie und sind beeindruckend anzusehen.

Also, wenn du das nächste Mal in der Nähe eines großen Hafens bist, schau mal, ob du einen Container Yard finden kannst. Es ist wirklich faszinierend zu sehen, wie diese Orte das Herzstück unserer globalisierten Welt darstellen!

Containerterminals: Die gigantischen Drehkreuze unserer globalisierten Welt

Du hast sicherlich schon einmal einen Flughafen besucht, oder? Ein Ort, an dem Flugzeuge starten, landen, beladen werden, und Menschen von einem Punkt zum anderen reisen. Ein Containerterminal funktioniert im Grunde genauso, nur statt für Flugzeuge ist es für diese riesigen Metallboxen, die wir Container nennen.

Stell dir das Containerterminal als einen riesigen Parkplatz vor, aber statt Autos sind es Container, die auf gigantischen Frachtschiffen aus aller Welt ankommen. Diese Schiffe können Tausende von Containern transportieren, und sie brauchen einen speziellen Ort, um all diese Container sicher und effizient zu entladen und dann erneut zu beladen. Das ist die Aufgabe eines Containerterminals.

In einem Containerterminal passieren viele spannende Dinge. Riesige Kräne, die so hoch sind wie Gebäude, bewegen sich über die Schiffe und heben diese schweren Container, als wären sie Spielzeug. Sie setzen sie auf Lkws oder Züge, die dann ihre Ware ins Landesinnere transportieren. Andere Container werden bereitgestellt, um auf Schiffe geladen und in andere Teile der Welt verschickt zu werden. Das Coole dabei ist, wie alles perfekt koordiniert ist. Jeder Container hat einen speziellen Platz und eine spezielle Kennung, damit er genau weiß, wohin er muss. Modernste Technologie, wie GPS-Tracking und automatisierte Systeme, sorgen dafür, dass trotz der riesigen Mengen an Containern, die täglich bewegt werden, selten etwas schief geht. Zusammengefasst sind Containerterminals ein beeindruckendes Beispiel für die moderne Logistik. Ohne sie wäre unser globalisierter Handel, bei dem Waren ständig um den Globus reisen, nicht möglich. Es sind die unsichtbaren Drehkreuze, die sicherstellen, dass der Laptop, den du gerade benutzt, oder die Jeans, die du trägst, aus einem anderen Teil der Welt zu dir nach Hause kommen konnte.

Cross-Docking: Die schnelle Straße in der Logistikwelt

Kennst du das Gefühl, wenn du mit deinen Freunden unterwegs bist und jemand plötzlich auf die Idee kommt, von eurem ursprünglichen Plan abzuweichen, um schnell noch etwas Anderes zu machen – ohne lange zu warten? So funktioniert im Grunde Cross-Docking, nur eben im riesigen Maßstab der Logistik. Lass es uns so vorstellen: Stell dir vor, ein LKW voller frischer Sneaker kommt in ein riesiges Lager. Statt dass die Sneaker jetzt aber für eine Weile gelagert werden, warten bereits andere LKWs darauf, diese Sneaker sofort weiter zu transportieren – vielleicht zu deinem Lieblingsgeschäft in der Stadt. Die Ware wird also direkt von einem LKW zum anderen verladen, ohne viel Zwischenlagerung. Das nennt man Cross-Docking.

Warum macht man das? Es ist wie eine Abkürzung in einem Videospiel. Es beschleunigt den gesamten Prozess. Die Produkte kommen schneller dorthin, wo sie gebraucht werden, und Lagerkosten werden eingespart, weil die Ware nicht lange herumliegt. Das ist besonders praktisch bei Produkten, die schnell verteilt werden müssen oder bei denen Lagerkosten besonders hoch wären. Ein weiterer Vorteil ist, dass man so die Ware auch effizienter verteilen kann. Stell dir vor, diese Sneaker sind in ganz unterschiedlichen Mengen in verschiedenen Städten gefragt. Mit Cross-Docking kann man schnell entscheiden, welcher LKW wie viele Paar Schuhe wohin bringt, je nachdem, wo sie am meisten benötigt werden.

Kurzum, Cross-Docking ist eine Art "Express-Lane" in der Welt der Logistik. Es sorgt dafür, dass Produkte nicht nur schneller ankommen, sondern dass auch alles reibungslos und effizient abläuft – und vielleicht sind dank solcher Systeme die coolen Sneaker, die du letzte Woche bestellt hast, so schnell bei dir angekommen!

C-TPAT: Wie ein VIP-Pass gegen Terrorismus in der Handelswelt

Okay, stell dir vor, du gehst zu einem großen Musikfestival. Du weißt, dass die Sicherheitskontrollen dort ziemlich streng sein können. Aber anstatt in der langen Schlange zu warten, hast du einen VIP-Pass, der dir einen schnelleren und reibungsloseren Zugang ermöglicht, weil die Veranstalter dir vertrauen und wissen, dass du sicher bist. Im Grunde funktioniert das Customs Trade Partnership Against Terrorism (C-TPAT) in der Handelswelt ähnlich.

C-TPAT ist eine Initiative der US-amerikanischen Zoll- und Grenzschutzbehörde. Nach den Terroranschlägen am 11. September 2001 war die US-Regierung besorgt über die Sicherheit von Waren, die in die USA importiert werden. Deshalb haben sie diese Partnerschaft mit Unternehmen ins Leben gerufen. Unternehmen, die Teil von C-TPAT werden wollen, müssen beweisen, dass ihre Sicherheitsmaßnahmen wirklich solide sind, von der Herstellung bis zur Lieferung. Ist ein Unternehmen erstmal C-TPAT-zertifiziert, bedeutet das, dass sie eine Art "VIP-Status" bei der Einfuhr von Waren in die USA haben. Ihre Sendungen werden seltener kontrolliert, und wenn doch, dann oft viel schneller. Das ist ein großer Vorteil im internationalen Handel, da Zeit ja bekanntlich Geld ist. Aber es geht nicht nur um Geschwindigkeit. Es geht vor allem um Sicherheit und Vertrauen. Die USA wollen sicherstellen, dass die Waren, die ins Land kommen, nicht nur sicher sind, sondern dass auch die Unternehmen, die sie herstellen und versenden, sicherheitsbewusst handeln. Für Unternehmen ist es eine Chance zu zeigen, dass sie verantwortungsvoll und vertrauenswürdig sind.

Kurz gesagt, C-TPAT ist wie ein Sicherheits- und Vertrauenssiegel in der Handelswelt. Und genauso wie ein VIP-Pass dir bei einem Festival Vorteile bringt, bringt das C-TPAT-Zertifikat Unternehmen Vorteile beim Handel mit den USA. Es ist ein Win-Win für beide Seiten!

Depot: Das große Zwischenlager deiner Online-Bestellungen

Stell dir vor, du bestellst ein cooles neues T-Shirt oder das neueste Videospiel online. Du klickst auf "Kaufen", und dann beginnt das Warten. Aber hast du dich je gefragt, was zwischen diesem Klick und dem Moment passiert, in dem das Paket bei dir ankommt? Hier kommt das Depot ins Spiel. Ein Depot ist so etwas wie das Hauptquartier für deine Online-Bestellungen. Es ist ein großes Lager, in dem Waren gelagert werden, bevor sie zu den Kunden - also zu dir - verschickt werden. Wenn du etwas online bestellst, wird es höchstwahrscheinlich aus einem Depot verschickt.

Aber Depots sind nicht nur riesige Lagerräume. Sie sind auch extrem organisiert. Stell dir vor, du hättest ein gigantisches Kinderzimmer, und du müsstest genau wissen, wo jedes deiner Spielzeuge ist, damit du es innerhalb von Minuten finden und deinem Freund geben kannst. Das ist im Grunde die Hauptaufgabe eines Depots: sicherzustellen, dass jede Bestellung genau das enthält, was der Kunde will, und dass es so schnell wie möglich versendet wird. Außerdem sind Depots oft strategisch platziert, damit die Auslieferung effizienter ist. Ein Depot in der Nähe einer großen Stadt kann dazu beitragen, dass Lieferungen in dieser Stadt schneller ankommen. Das ist auch der Grund, warum man manchmal sieht, dass Pakete seltsame Routen nehmen – sie bewegen sich von Depot zu Depot, um den effizientesten Weg zum Kunden zu finden.

Also, das nächste Mal, wenn du auf deine Online-Bestellung wartest, denk daran: Hinter den Kulissen arbeitet ein Depot hart daran, sicherzustellen, dass du genau das bekommst, was du bestellt hast, und das so schnell wie möglich!

Dieselfloater: Schwankender Diesel-Preis als Herausforderung

Okay, stell dir vor, du planst eine coole Road-Trip-Party mit deinen Freunden. Du schaust in deinen Geldbeutel und denkst: "Yeah, das sollte für den Sprit reichen!" Aber dann, am Tag des Trips, merkst du, dass der Diesel-Preis an der Tankstelle plötzlich viel höher ist als gedacht. Uncool, oder?

Genau so etwas passiert in der großen, komplexen Welt des Transports und der Logistik ständig, nur in viel größerem Maßstab. Die Spritpreise, besonders für Diesel, ändern sich oft und können von vielen Faktoren beeinflusst werden, wie zum Beispiel politischen Entscheidungen oder Veränderungen in der Ölproduktion.

Jetzt kommt der "Dieselfloater" ins Spiel. Das Wort klingt vielleicht wie ein futuristisches Schiff, aber in Wirklichkeit ist es ein Konzept in der Transportbranche. Es ist im Grunde ein Preisaufschlag oder eine Art Vertrag, der sicherstellt, dass Transportunternehmen ihre Kosten decken können, selbst wenn die Dieselpreise schwanken. Stell dir vor, es ist wie eine Versicherung gegen plötzliche Preissprünge beim Tanken.

Mit dem Dieselfloater versuchen also Unternehmen, sich vor den launischen Schwankungen der Diesel-Preise zu schützen. So können sie besser planen, ihre Kosten im Griff behalten und am Ende des Tages sicherstellen, dass unsere bestellten Waren trotzdem pünktlich ankommen, ohne dass sie wegen steigender Spritpreise draufzahlen müssen. Das ist sozusagen "Business im echten Leben" für alle, die sich um Transport und Lieferungen kümmern.

Disponent: Der Dirigent im Hintergrund

Du kennst das Gefühl, wenn du mit Freunden eine Party oder ein Treffen organisierst? Du planst, wer was mitbringt, zu welcher Zeit und wie alles reibungslos abläuft. Genau so etwas macht ein Disponent, nur in einem viel größeren Maßstab und oft für Firmen oder Transportunternehmen.

Ein Disponent ist sozusagen der Dirigent in der Logistik- und Transportbranche. Er sorgt dafür, dass Waren zur richtigen Zeit am richtigen Ort sind. Das klingt vielleicht einfach, ist es aber nicht! Denn er muss nicht nur die Route planen, sondern auch berücksichtigen, wie viel Platz im Lkw oder Zug ist, wie schnell die Ware geliefert werden muss und welche gesetzlichen Vorschriften es gibt.

Manchmal kann es sein, dass ein Fahrer krank wird oder ein Lkw kaputt geht. Dann muss der Disponent schnell handeln, alternative Pläne schmieden und sicherstellen, dass alles reibungslos weiterläuft. Er kommuniziert mit Fahrern, Lagermitarbeitern und Kunden und jongliert dabei mit einer Menge Informationen.

Kurz gesagt: Ein Disponent ist der "Organisations-Profi" im Hintergrund, der dafür sorgt, dass alles rund läuft, und ohne den im Transportwesen ziemlich schnell Chaos ausbrechen würde. Also, wenn dein Paket pünktlich ankommt oder der Supermarkt immer frische Waren hat, dann hat irgendwo ein Disponent einen guten Job gemacht!

Distributionslogistik: Wie deine Lieblingsprodukte zu dir kommen

Wenn du das nächste Mal im Supermarkt oder in einem Elektronikgeschäft stehst und dir die Vielzahl an Produkten ansiehst, überleg mal: Wie sind all diese Dinge hierher gekommen? Die Antwort liegt in der Distributionslogistik. Die Distributionslogistik ist der Prozess, der sicherstellt, dass Produkte von ihrem Ursprungsort (sei es eine Fabrik, ein Lager oder ein anderer Lieferant) zu den Orten gelangen, an denen die Verbraucher, also du und ich, sie kaufen können. Es ist ein riesiges Puzzle, bei dem es darum geht, die richtigen Produkte zum richtigen Zeitpunkt an den richtigen Ort zu bringen.

Stell dir vor, du planst eine große Party. Du würdest eine Liste aller Dinge erstellen, die du brauchst: Snacks, Getränke, Musik und so weiter. Dann würdest du planen, wann und wo du all diese Dinge besorgst. Bei der Distributionslogistik ist es genauso, nur in viel größerem Maßstab. Anstatt für eine Party zu planen, planen sie für ganze Städte oder sogar Länder! Ein weiterer wichtiger Aspekt der Distributionslogistik ist die Effizienz. Es geht nicht nur darum, Produkte von A nach B zu bringen, sondern sie auch so effizient und kostengünstig wie möglich dorthin zu transportieren. Hier kommen verschiedene Verkehrsmittel wie Lastwagen, Züge, Schiffe und Flugzeuge ins Spiel. Aber es endet nicht nur beim Transport. Die Distributionslogistik kümmert sich auch darum, dass die Produkte sicher und in gutem Zustand ankommen. Das bedeutet, dass verderbliche Lebensmittel gekühlt werden müssen oder dass zerbrechliche Artikel sorgfältig verpackt werden.

Insgesamt ist die Distributionslogistik also ein ziemlich komplexes System, das im Hintergrund abläuft und sicherstellt, dass die Regale in den Geschäften immer gut gefüllt sind und du alles kaufen kannst, was du brauchst oder möchtest. Es ist sozusagen die unsichtbare Magie, die unsere Konsumwelt am Laufen hält.

Distributionszentrum: Das Herzstück unserer Konsumwelt

Stell dir ein riesiges Lager vor, gefüllt bis zur Decke mit allen möglichen Produkten, von deinem Lieblingssnack bis zu den neuesten Sneakers. Dieser Ort ist kein gewöhnliches Lager - es ist ein Distributionszentrum, und es spielt eine Schlüsselrolle in der Welt des Einkaufens. Ein Distributionszentrum (oft einfach "Distri" genannt) ist im Grunde genommen das Herzstück eines riesigen Netzwerks, das Produkte von Herstellern und Lieferanten zu den Geschäften und letztlich zu uns, den Verbrauchern, bringt. Hier werden Produkte nicht nur gelagert, sondern auch sortiert, verpackt und dann weiter an die entsprechenden Orte verschickt. Vielleicht fragst du dich jetzt: "Warum nicht direkt von der Fabrik zum Geschäft?" Nun, das liegt daran, dass es viel effizienter ist, einen zentralen Punkt zu haben, von dem aus man alles verteilen kann. Stell dir vor, du müsstest 10 Freunden in verschiedenen Städten Briefe schicken. Anstatt 10 separate Reisen zu machen, würdest du wahrscheinlich alle Briefe in einem Postzentrum abgeben, und sie würden von dort aus verteilt. Das Distributionszentrum funktioniert nach dem gleichen Prinzip, nur in einem viel größeren Maßstab. Aber es geht nicht nur um Effizienz. Distributionszentren sind auch mit modernster Technologie ausgestattet. Automatisierte Systeme, riesige Förderbänder und sogar Roboter können dabei helfen, Waren schneller zu verarbeiten und sicherzustellen, dass sie in bestem Zustand ankommen. Und da es heutzutage so viele Online-Bestellungen gibt, sind viele dieser Zentren auch darauf spezialisiert, direkt an Kunden zu liefern.

Das nächste Mal, wenn du also ein Paket erhältst oder einen neuen Artikel im Laden siehst, denk daran: Er hat wahrscheinlich einen Teil seiner Reise in einem Distributionszentrum verbracht. Es ist faszinierend, wie diese Orte, die viele von uns nie zu Gesicht bekommen, eine so wichtige Rolle in unserem täglichen Leben spielen.

Echtzeitverfolgung: Als wäre es ein Live-Stream deiner Bestellung

Stell dir vor, du sitzt mit deinen Freunden zu Hause, und ihr bestellt Pizza. Jeder hat diesen riesigen Hunger und kann es kaum erwarten, endlich dieses knusprige Stück in den Händen zu halten. Jetzt stell dir vor, du könntest jeden Schritt deiner Pizza verfolgen, vom Kneten des Teigs bis zum Ausliefern an deiner Haustür. Genau das ist Echtzeitverfolgung – nur eben nicht nur für Pizzas. Echtzeitverfolgung, oft auch als "Live-Tracking" bezeichnet, ermöglicht es uns, den genauen Standort einer Lieferung oder eines Objekts in Echtzeit zu sehen, ähnlich wie du die Bewegungen deiner Freunde in einigen Social-Media-Apps verfolgen kannst. Es ist wie ein Live-Stream für Dinge, die sich bewegen. Diese Technologie ist besonders nützlich für den Versand von Paketen. Wann immer du etwas online bestellst, möchten du (und oft auch der Verkäufer) sicherstellen, dass es sicher und pünktlich ankommt. Mit Echtzeitverfolgung können beide Parteien genau sehen, wo sich das Paket befindet, ob es sich im Lager, auf der Straße oder vor deiner Haustür befindet.

Aber wie funktioniert das? Meistens durch eine Kombination von GPS-Technologie (ja, die gleiche, die auch in deinem Handy steckt) und speziellen Software-Systemen, die alle Daten in Echtzeit verarbeiten und auf einer Karte anzeigen. Für dich als Konsument bedeutet das mehr Transparenz und weniger Stress. Du musst nicht stundenlang warten und dich fragen, wann dein Paket ankommt. Stattdessen kannst du einfach dein Handy oder Computer checken und genau sehen, wo es gerade ist. Es ist ein bisschen, als hätte man Superkräfte, mit denen man Sachen durch Wände und über riesige Entfernungen hinwegsehen kann.

Echtzeitverfolgung macht nicht nur das Leben von uns Konsumenten einfacher, sondern hilft auch Unternehmen, ihre Abläufe zu optimieren und sicherzustellen, dass alles reibungslos läuft. Und während wir hier über Pakete sprechen, kann diese Technologie auch in anderen Bereichen eingesetzt werden, wie z.B. beim Verfolgen von öffentlichen Verkehrsmitteln, Taxis oder sogar bei wilden Tieren in der Natur!

Also das nächste Mal, wenn du auf deinem Handy siehst, dass dein Paket nur noch ein paar Straßen entfernt ist, denk daran: Du schaust dir einen Live-Stream deiner Bestellung an. Ziemlich cool, oder?

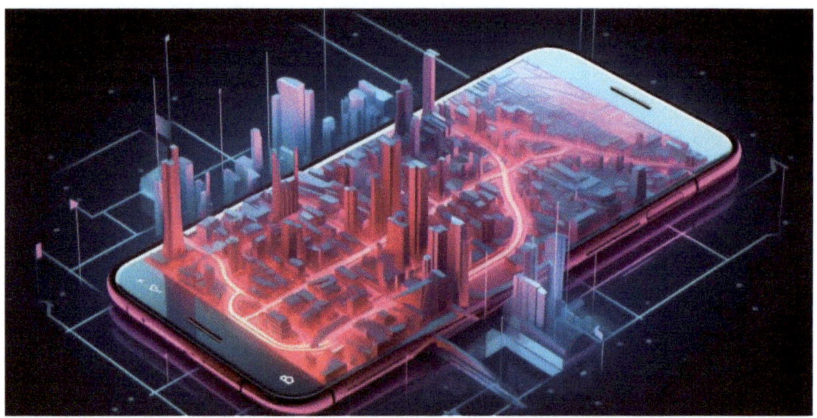

Edscha-Verdeck: Das coole Cabrio-Prinzip für Lkw

Jetzt stell dir vor, du fährst an einem sonnigen Tag in deinem Cabrio, drückst einen Knopf, und das Verdeck faltet sich von alleine zurück. Diese coole Technik gibt es nicht nur bei Autos, sondern auch bei großen Lkw. Und hier kommt das Edscha-Verdeck ins Spiel.

Das Edscha-Verdeck ist eine spezielle Art von Verdeck für Lkw-Auflieger, die sich besonders schnell und einfach öffnen lässt. Anstatt mühsam mit Planen und Seilen hantieren zu müssen, lässt sich das Verdeck mit einem Handgriff leicht seitlich schieben oder komplett öffnen. Das ist besonders praktisch, wenn Waren mit einem Kran von oben in den Lkw geladen oder entladen werden müssen.

Der Name "Edscha" kommt übrigens von der Firma, die dieses System entwickelt hat. Es hat den Alltag vieler Lkw-Fahrer und Lagerarbeiter einfacher und schneller gemacht. Also, das nächste Mal, wenn du einen Lkw siehst, der von oben be- oder entladen wird, schau mal, ob er ein Edscha-Verdeck hat. Es ist eine dieser unsichtbaren Technologien, die den Alltag in der Transportwelt enorm erleichtern. Cool, oder?

Einfuhrzoll: Warum dein cooles Shirt aus Übersee manchmal teurer wird

Okay, stellen wir uns mal vor, du hast im Internet dieses absolut geniale Shirt gefunden, das nirgendwo in Deutschland zu bekommen ist, sondern nur in den USA. Du klickst auf „Bestellen" und freust dich schon auf den Neid in den Augen deiner Freunde, wenn du es trägst. Aber halt! Bei der Lieferung sagt dir der Postbote, dass du noch extra bezahlen musst.

Wieso? Das ist der Einfuhrzoll. Einfuhrzoll ist im Grunde eine Art Steuer, die auf Waren erhoben wird, die aus anderen Ländern in unser Land importiert werden. Das klingt vielleicht erstmal nervig, aber er hat durchaus seinen Sinn. Länder nutzen Einfuhrzölle aus verschiedenen Gründen:

1. **Schutz der heimischen Industrie:** Wenn ausländische Produkte durch Zölle teurer werden, können einheimische Produkte besser konkurrieren.
2. **Einnahmequelle**: Für manche Länder sind Zölle eine wichtige Einkommensquelle. Das zusätzliche Geld kann dann für Infrastruktur, Bildung oder Gesundheit ausgegeben werden.
3. **Regulierung von Importen:** Durch Zölle kann ein Land steuern, wie viele Waren eingeführt werden. Vielleicht will ein Land verhindern, dass zu viele billige Waren eintreffen und den Markt überschwemmen.

Nun zurück zu deinem Shirt. Nehmen wir an, das Shirt kostet 30 Euro. Der deutsche Zollsatz für T-Shirts könnte, nur als Beispiel, 10% betragen. Das bedeutet, dass du zusätzlich 3 Euro als Einfuhrzoll bezahlen musst. Manchmal sind aber auch andere Gebühren und Steuern beteiligt, daher kann der tatsächliche Betrag variieren.

Es ist natürlich immer ärgerlich, mehr zu bezahlen als erwartet. Daher ist es klug, vor internationalen Bestellungen zu checken, ob Zölle anfallen könnten. Es gibt Online-Rechner und Infoseiten, die dir helfen, die möglichen Zollkosten zu schätzen.

Letztendlich ist der Einfuhrzoll ein kleiner Preis für die Freiheit, Waren aus der ganzen Welt zu beziehen. Ja, es macht das coole Shirt ein bisschen teurer, aber hey, die Exklusivität hat manchmal eben ihren Preis!

Einwegpalette: Die "Einmal-und-weg"-Lösung im Transport-bereich

Du kennst sicherlich die Einwegbecher, die man nach einmaligem Gebrauch wegwirft. Jetzt stell dir vor, es gibt eine ähnliche Idee, aber für Paletten. Das sind diese flachen Holz- oder Kunststoffrahmen, auf denen Waren in großen Mengen gestapelt und transportiert werden. Eine Einwegpalette wird, wie der Name schon sagt, nur einmal verwendet und danach entsorgt oder recycelt.

Warum sollte jemand sowas wollen? Ganz einfach: Sie sind oft günstiger in der Herstellung und ideal für den Export von Produkten. Stell dir vor, du schickst eine Lieferung nach Übersee und willst nicht warten, bis deine teure Palette zurückkommt - oder noch schlimmer, zusätzliche Kosten haben, weil sie nicht zurückkehrt.

Einwegpaletten sind meistens leichter und einfacher gebaut als Mehrwegpaletten. Aber es gibt auch Nachteile: Sie sind nicht so robust und tragen zur Abfallproduktion bei, wenn sie nicht recycelt werden.

Denk also an die Einwegpalette als den "Fast-Food-Becher" der Logistikwelt: praktisch und kostengünstig, aber nicht unbedingt die umweltfreundlichste Lösung. Aber wie bei allem gibt es auch hier Bemühungen, sie umweltfreundlicher zu gestalten, zum Beispiel durch Recycling oder die Verwendung nachhaltiger Materialien.

Einkaufslogistik: Warum dein neues Smartphone im Laden liegt, bevor du es überhaupt willst

Stell dir vor, du gehst in einen Laden und siehst das neueste Smartphone-Modell, von dem du gar nicht wusstest, dass es rauskommt, und denkst: „Wow, wie haben die das so schnell hierher bekommen?" Hier kommt die Einkaufslogistik ins Spiel. Die Einkaufslogistik ist wie die unsichtbare Magie hinter den Kulissen, die sicherstellt, dass Produkte genau dann verfügbar sind, wenn Kunden sie wollen. Es geht darum, alles, was ein Unternehmen braucht, zum richtigen Zeitpunkt, in der richtigen Menge und zu den besten Konditionen zu beschaffen.

Denk mal an das Smartphone: Bevor es in den Regalen landet, gibt es eine riesige Liste von Komponenten, die gekauft, transportiert und zusammengesetzt werden müssen: von Mikrochips über Kamerasensoren bis hin zu Akkus. Jedes dieser Teile könnte aus einem anderen Land kommen, und sie alle müssen rechtzeitig und in perfekter Reihenfolge ankommen. Aber die Einkaufslogistik beschränkt sich nicht nur auf coole Technik. Sie betrifft alles – vom Essen in deinem Supermarkt bis zu den Büchern in deiner Schule. Ohne effiziente Einkaufslogistik würden Dinge fehlen, Preise könnten steigen oder es könnte zu Verspätungen kommen.

Daher ist es für Unternehmen super wichtig, kluge Einkaufslogistiker zu haben. Diese Profis analysieren, wo und wann sie Produkte kaufen, wie sie sie transportieren und wie sie das alles so kosteneffizient wie möglich machen können.

Das nächste Mal, wenn du also im Laden stehst und dieses glänzende neue Gadget siehst, denk daran: Hinter diesem Produkt steckt eine beeindruckende Logistik, die dafür sorgt, dass es genau dann da ist, wenn du es in der Hand hältst. Und all das, ohne dass du je darüber nachgedacht hast!

Elektronischer Datenaustausch (EDI): Wie Unternehmen flüsternd kommunizieren

Denk mal an all die Chats und Nachrichten, die du täglich auf deinem Smartphone verschickst. Jetzt stell dir vor, Unternehmen würden genauso miteinander "chatten", aber statt über das neueste Meme oder das Abendessen sprechen sie über Bestellungen, Rechnungen und Lieferdaten. Das ist im Grunde das, was der elektronische Datenaustausch, besser bekannt als EDI, macht. EDI ist wie die Geheimsprache zwischen Unternehmen. Anstatt dass Mitarbeiter E-Mails hin und her schicken oder Formulare per Hand ausfüllen, erlaubt EDI den Computern von zwei unterschiedlichen Unternehmen, direkt miteinander zu "reden". Sie tauschen Informationen aus – blitzschnell und in einem speziellen Format, das beide verstehen.

Ein einfaches Beispiel: Ein Modegeschäft will 100 neue Jeans von einem Hersteller. Statt eine E-Mail zu schreiben oder anzurufen, sendet das System des Geschäfts eine automatische "Bestellnachricht" an den Hersteller. Der Computer des Herstellers versteht diese Nachricht, bestätigt die Bestellung und gibt alle notwendigen Informationen an die Produktionsabteilung weiter. Das alles passiert in Sekunden, ohne dass Menschen eingreifen müssen. Der größte Vorteil von EDI? Effizienz. Fehler, die durch manuelle Dateneingabe entstehen könnten, werden vermieden. Außerdem spart es unglaublich viel Zeit, wenn Computer diese Arbeit erledigen, anstatt dass Menschen Daten per Hand eintippen oder überprüfen müssen. In der heutigen digitalen Welt, in der alles schnell gehen muss und Genauigkeit entscheidend ist, ist EDI ein unschätzbares Tool für Unternehmen. Es ist, als würden sie eine eigene geheime Sprache haben, die ihnen hilft, Dinge reibungslos und effizient zu erledigen. So wie du mit deinen Freunden chatten kannst, ohne lange nach den richtigen Worten zu suchen, so können Unternehmen mit EDI in ihrer eigenen "Sprache" kommunizieren und Dinge geregelt bekommen. Großartig, oder?

Empfänger: Mehr als nur das Ende einer Lieferkette

Kennst du das Gefühl, wenn der Paketbote klingelt und du weißt, dass dieses Paket für dich ist? Dieser Moment, in dem du aufgeregt das Paket entgegennimmst, es öffnest und das findest, was du erwartet hast – sei es das neueste Videospiel, ein neues Outfit oder ein Geschenk von jemandem. In diesem Moment bist du der "Empfänger".

Auf den ersten Blick scheint "Empfänger" ein ziemlich einfaches Wort zu sein. Es ist einfach jemand, der etwas bekommt, richtig? Aber in der Welt der Logistik, des Handels und des Versands ist es so viel mehr als das. Der Empfänger ist der Endpunkt einer oft komplexen Lieferkette. Bevor das Paket bei dir ankommt, hat es vielleicht Tausende von Kilometern zurückgelegt, wurde in einem Lager aufbewahrt, von einem LKW zum nächsten transportiert und durch viele Hände gegangen. Dabei wird jedes Mal darauf geachtet, dass es sicher und pünktlich ankommt.

Empfänger sind nicht immer nur Menschen. Es können auch Unternehmen, Geschäfte oder Organisationen sein. Wenn ein Autohersteller beispielsweise Teile von einem Zulieferer erhält, ist der Autohersteller der Empfänger. Das gleiche gilt, wenn ein Restaurant frische Zutaten von einem Bauernhof geliefert bekommt. Aber warum ist das wichtig? Weil der Empfänger die Qualität und Pünktlichkeit einer Lieferung bestätigt. Wenn du als Empfänger ein beschädigtes Paket bekommst oder es viel zu spät ankommt, dann hat irgendwo in dieser Kette etwas nicht funktioniert. Empfänger haben also eine wichtige Rolle bei der Kontrolle und Bewertung von Lieferdiensten.

Also, das nächste Mal, wenn du ein Paket annimmst oder online etwas bestellst, denk daran, dass du nicht nur irgendein Empfänger bist. Du bist das Ziel einer Reise, der Höhepunkt einer Lieferkette und ein wichtiger Teil des Prozesses, der sicherstellt, dass alles reibungslos läuft. Es ist mehr als nur das Annehmen eines Pakets – es ist die Bestätigung, dass alles richtig gelaufen ist.

Entsorgungslogistik: Warum dein Müll eine zweite Reise antritt

Stell dir vor, du isst gerade eine Tafel Schokolade, genießt den süßen Geschmack und legst die leere Verpackung anschließend in den Mülleimer. Diese Verpackung, die jetzt scheinbar am Ende ihrer Reise angelangt ist, steht tatsächlich erst am Anfang einer neuen, spannenden Tour: der Reise durch die Entsorgungslogistik. Entsorgungslogistik ist wie die andere Seite der Medaille im Transport- und Lieferwesen. Während wir oft nur an die Dinge denken, die zu uns kommen (wie Pakete, Essen oder Post), gibt es eine riesige und wichtige Industrie, die sich um das kümmert, was von uns weggeht - unseren Müll.

Warum ist das so wichtig? Nun, stell dir vor, jeder würde seinen Müll einfach vor die Tür legen und sich nicht weiter darum kümmern. Unsere Städte wären in kürzester Zeit übersät mit Abfällen, die Umwelt wäre belastet, und gesundheitliche Probleme würden entstehen. Hier kommt die Entsorgungslogistik ins Spiel: Sie stellt sicher, dass der Abfall, den wir produzieren, ordnungsgemäß gesammelt, transportiert, recycelt oder entsorgt wird. Das beginnt schon bei den verschiedenen Mülltonnen in deinem Zuhause – für Papier, Plastik, Biomüll und Restmüll. Jede dieser Tonnen hat ihren eigenen "Reiseplan". Papier wird zum Recycling gebracht, um wieder zu neuem Papier verarbeitet zu werden. Plastik kann eingeschmolzen und zu neuen Produkten geformt werden. Biomüll wird kompostiert und dient als natürlicher Dünger. Und Restmüll? Der könnte in einer Verbrennungsanlage landen, wo er zur Energiegewinnung genutzt wird.

Die Herausforderung für die Entsorgungslogistik besteht darin, all diese Prozesse effizient und umweltfreundlich zu gestalten. Es geht darum, den kleinsten ökologischen Fußabdruck zu hinterlassen und dabei so viele Ressourcen wie möglich zurückzugewinnen.

Also, das nächste Mal, wenn du etwas in den Müll wirfst, denke daran, dass dies nur der Startpunkt für eine weitere logistische Meisterleistung ist. Die Welt der Entsorgungslogistik arbeitet hart im Hintergrund, um unsere Umwelt sauber und sicher zu halten. Und jeder von uns spielt dabei eine Rolle, indem er Müll trennt und sich verantwortungsbewusst verhält.

Europalette: Das Multitalent im Transport

Sicherlich hast du schon mal einen LKW auf der Straße gesehen, beladen mit rechteckigen Holzgestellen, auf denen wiederum jede Menge Kisten, Kartons oder andere Waren gestapelt sind. Das sind Paletten, genauer gesagt Europaletten. Die Europalette ist so etwas wie der "Star" unter den Paletten, und das aus gutem Grund.

Die Europalette, oft einfach "EPAL-Palette" genannt, hat eine standardisierte Größe von 1200 x 800 mm. Dieser Standard sorgt dafür, dass Waren in ganz Europa (und sogar darüber hinaus) einfach und effizient transportiert werden können. Die Palette ist so robust, dass sie mehrere hundert Kilogramm tragen kann.

Ein cooles Feature: Europaletten sind nicht nur zum Einmalgebrauch da. Sie sind echte Mehrweg-Allrounder und werden nach Gebrauch oft wieder zurückgegeben, repariert (falls nötig) und erneut verwendet. Das macht sie umweltfreundlicher als Einwegpaletten.

Die Europalette ist auch ein kleiner Geldsparer! Es gibt ein Pfandsystem für sie. Das bedeutet, dass du, wenn du eine Europalette kaufst, einen Pfand darauf zahlst. Bringst du die Palette später zurück, bekommst du diesen Pfand wieder. So werden alle motiviert, sorgsam mit den Paletten umzugehen und sie zurückzugeben.

Also, jedes Mal, wenn du eine Europalette siehst, denk daran: Sie ist ein unscheinbarer Held, der hilft, den europäischen Handel am Laufen zu halten und gleichzeitig die Umwelt zu schonen!

Export: Warum der Welthandel nicht nur um riesige Container geht

Kennst du das Gefühl, wenn du in einem Geschäft ein cooles T-Shirt siehst und feststellst, dass es in einem fernen Land hergestellt wurde? Oder wenn du in den Supermarkt gehst und exotische Früchte aus einem anderen Kontinent in deinem Einkaufskorb landen? All diese Produkte kommen zu uns dank eines Konzepts namens "Export". Export klingt vielleicht erstmal nach einem langweiligen Wirtschaftswort, aber in Wahrheit steckt viel mehr dahinter. Export bedeutet im Grunde, dass ein Land Produkte oder Dienstleistungen an ein anderes Land verkauft. Und das hat riesige Auswirkungen auf unsere tägliche Lebensweise, unseren Lebensstandard und die Vielfalt der Produkte, die wir nutzen und konsumieren.

Denk mal darüber nach: Ein Land wie Deutschland, das so viele Autos produziert, verkauft diese nicht nur an die eigenen Bürger. Viele dieser Autos werden in andere Länder exportiert. Und im Gegenzug importieren wir, also kaufen von anderen Ländern, Dinge, die wir nicht so leicht selbst produzieren können, wie bestimmte Früchte oder Elektronik. Aber warum ist Export so wichtig? Erstens ermöglicht er Ländern, sich auf das zu spezialisieren, was sie am besten können. Zum Beispiel: Ein Land mit viel Sonnenschein und perfektem Klima kann sich darauf spezialisieren, die besten Trauben für Wein zu produzieren und diese dann weltweit zu exportieren. Zweitens hilft der Export, Arbeitsplätze zu schaffen. Jedes Produkt, das für den Export hergestellt wird, bedeutet, dass Menschen in Fabriken, auf Farmen oder in Büros arbeiten.

Doch es gibt auch Herausforderungen. Manchmal kann der Export zu Konflikten führen, etwa wenn Länder sich über Preise oder Handelsregeln streiten. Und es gibt auch Diskussionen darüber, wie man sicherstellt, dass der Handel fair ist und die Umwelt nicht zu sehr belastet wird.

Zusammenfassend lässt sich sagen, dass Export weit mehr ist als nur der Versand von Waren über Grenzen hinweg. Es beeinflusst die Wirtschaft, schafft Arbeitsplätze und erweitert unseren Horizont, indem es uns Zugang zu Produkten aus der ganzen Welt bietet. Das nächste Mal, wenn du also ein "Made in ..." Label siehst, denk daran, dass es eine ganze Geschichte des globalen Handels dahinter gibt!

Expressfracht: Wenn's richtig schnell gehen muss

Stell dir vor, du hast online ein cooles Gadget oder ein Ersatzteil für dein Lieb-lings-Hobby bestellt und kannst es kaum erwarten, dass es ankommt. Oder vielleicht ist morgen der Geburtstag deines besten Freundes und das Geschenk, das du für ihn bestellt hast, ist immer noch nicht da. Das ist der Moment, in dem Expressfracht ins Spiel kommt. "Express" deutet schon darauf hin, dass es hier um Geschwindigkeit geht, und "Fracht" ist einfach ein schicker Begriff für transportierte Güter. Zusammen steht Expressfracht für einen superschnellen Transportdienst, der darauf ausgerichtet ist, Pakete so schnell wie möglich von A nach B zu bringen - oft innerhalb von 24 Stunden oder sogar weniger! Das Besondere an Expressfracht ist nicht nur die Geschwindigkeit. Es ist die Effizienz und Präzision, mit der alles abläuft. Denk an einen gut organisierten Marathon-läufer, der genau weiß, wann er welche Energiegel-Packs braucht und welche Route er nehmen muss, um die beste Zeit zu erzielen. So arbeiten auch Ex-pressfracht-Unternehmen: Sie planen sorgfältig, wie und wann ein Paket abge-holt, sortiert, transportiert und schließlich ausgeliefert wird.

Expressfracht wird oft per Flugzeug transportiert, besonders bei internationalen Sendungen. Manchmal, wenn es wirklich brenzlig wird, können sogar spezielle Kurierdienste engagiert werden, die nur dafür zuständig sind, ein einziges, su-per-wichtiges Paket so schnell wie möglich zum Zielort zu bringen. Natürlich hat solch ein Premium-Service auch seinen Preis. Expressfracht ist in der Regel teu-rer als der Standardversand. Aber manchmal ist es das wert, besonders wenn Zeit wirklich Geld ist oder wenn es darum geht, einen besonderen Anlass nicht zu verpassen.

Das nächste Mal, wenn du also etwas online bestellst und siehst, dass "Express-versand" als Option verfügbar ist, weißt du, was dahintersteckt. Ein

beeindruckend präzises System von Menschen, Technologie und Transportmitteln, das nur darauf ausgerichtet ist, deine Sendung in Rekordzeit zu dir zu
bringen.

Fahrzeitenregelung: Warum LKW-Fahrer nicht endlos fahren dürfen

Du kennst das bestimmt: Nach einigen Stunden am Computer, beim Zocken oder Lernen, fühlst du dich müde und deine Konzentration lässt nach. Es ist dann klug, eine Pause einzulegen und sich zu erholen. Nun stell dir vor, du bist nicht an einem Schreibtisch, sondern am Steuer eines riesigen LKWs. Und statt virtueller Leben in einem Videospiel, hängen echte Leben von deiner Aufmerksamkeit und Reaktionsfähigkeit ab. Hier kommt die Fahrzeitenregelung ins Spiel. Es ist im Grunde ein Regelwerk, das bestimmt, wie lange LKW-Fahrer (und andere Berufsfahrer) am Stück fahren dürfen und wie lange ihre Pausen sein müssen. Die Idee dahinter ist simpel: Müde Fahrer sind ein Risiko auf der Straße. Wenn du stundenlang fährst, vor allem mit einem schweren Fahrzeug, wird es immer schwieriger, sich zu konzentrieren, auf das Verkehrsgeschehen zu reagieren und klare Entscheidungen zu treffen.

In Europa gibt es z.B. die Regel, dass ein Fahrer nach 4,5 Stunden ununterbrochener Fahrt eine Pause von mindestens 45 Minuten einlegen muss. Zudem gibt es Vorschriften dafür, wie viele Stunden ein Fahrer in einer Woche insgesamt unterwegs sein darf. Solche Regeln sind nicht nur in Europa, sondern weltweit in verschiedenen Variationen vorhanden. All diese Vorschriften werden durch spezielle Geräte im LKW überwacht, sogenannte Fahrtenschreiber oder digitaler Tachograf. Dieses Gerät zeichnet die Fahrt- und Ruhezeiten auf, sodass sowohl der Fahrer als auch sein Arbeitgeber und im Falle einer Kontrolle auch die Polizei oder das Transportgewerbe diese überprüfen können.Warum ist das wichtig für dich? Wenn du auf der Autobahn unterwegs bist und einen LKW siehst, kannst du sicher sein, dass der Fahrer nicht seit 10 Stunden ohne Pause fährt. Er hat Vorschriften, die er einhalten muss, um sicherzustellen, dass er, du und alle anderen sicher unterwegs sind. Ein kleiner, aber wichtiger Teil im großen System des Straßenverkehrs!

Fahrzeugflotte: Mehr als nur ein paar Autos

Stell dir vor, du hast in deinem Lieblingsspiel eine Sammlung von Autos, Bussen und LKWs, die alle verschiedenen Aufgaben nachgehen – manche transportieren Waren, andere fahren Passagiere, und einige sind spezialisiert, in schwierigen Terrains oder unter extremen Bedingungen zu agieren. Das Ganze nennt man in der realen Welt eine "Fahrzeugflotte". Eine Fahrzeugflotte ist wie eine Mannschaft in einem Sportteam, wobei jedes Fahrzeug eine spezielle Rolle spielt. Große Unternehmen, wie Lieferdienste, Taxifirmen oder Busgesellschaften, besitzen oft solche Flotten, um ihre Dienste effizient und zuverlässig anbieten zu können. Aber es geht nicht nur darum, viele Fahrzeuge zu besitzen. Die Verwaltung und Pflege dieser Fahrzeuge ist genauso wichtig. Man muss sicherstellen, dass sie regelmäßig gewartet werden, dass sie ordnungsgemäß versichert sind und dass sie den Sicherheitsstandards entsprechen. Außerdem ist es wichtig, dass die Fahrzeuge immer da sind, wo sie gebraucht werden, wenn sie gebraucht werden – und das erfordert eine sorgfältige Planung und Organisation. Moderne Technologie spielt auch eine große Rolle. Mit GPS-Tracking können Unternehmen den genauen Standort jedes Fahrzeugs in ihrer Flotte in Echtzeit verfolgen. Dies hilft nicht nur bei der Planung von Routen, sondern auch, um sicherzustellen, dass alles reibungslos läuft und keine Zeit verschwendet wird.

Für viele junge Leute könnte die Idee, sich um eine ganze Flotte von Fahrzeugen zu kümmern, wie ein großes, real-life Strategiespiel klingen – eine Mischung aus Management, Planung und vielleicht auch ein bisschen "Need for Speed". Aber im Kern zeigt es, wie wichtig es ist, die richtigen Ressourcen (in diesem Fall Fahrzeuge) zur richtigen Zeit am richtigen Ort zu haben. Es ist ein komplexes Puzzle, das gelöst werden muss, damit alles funktioniert – genau wie in deinem Lieblingsspiel!

FCL (Full Container Load): Ein Container, der keinen Raum für Kompromisse lässt

Kennst du das Gefühl, wenn du deinen Rucksack für einen Wochenendausflug packst und jeden Zentimeter effizient nutzt? Jeder Gegenstand hat seinen Platz, und am Ende passt alles perfekt zusammen. So ähnlich funktioniert FCL, oder auf Englisch "Full Container Load", in der Logistik.

FCL bezieht sich auf die Versendung von Waren, bei der ein ganzer Container exklusiv für die Lieferung eines einzigen Kunden reserviert ist. Anstatt den Raum in einem Container mit mehreren Kunden zu teilen (was als LCL oder "Less than Container Load" bezeichnet wird), buchst du mit FCL den gesamten Container nur für dich. Es ist, als hättest du einen VIP-Club, in den nur deine Sachen Zutritt haben.

Es gibt einige Vorteile bei der Nutzung von FCL. Zum einen sind die Waren in der Regel schneller unterwegs, da es keine zusätzlichen Stopps gibt, um andere Produkte zu laden oder zu entladen. Außerdem sind die Waren oft sicherer, da der Container von Anfang bis Ende versiegelt bleibt und nur beim Absender und Empfänger geöffnet wird. Aber genau wie beim Packen deines Rucksacks gibt es auch Herausforderungen. Du musst sicherstellen, dass du genug Waren hast, um den gesamten Container zu füllen, denn sonst verschwendest du wert-vollen Raum und Geld.

Wenn du also das nächste Mal ein großes Paket erhältst und es sich anfühlt, als wäre es bis zum Rand gefüllt, denke an FCL. Es könnte sein, dass jemand diesen Container optimal genutzt hat, um sicherzustellen, dass du alles bekommst, was du brauchst, genau wie du es mit deinem Rucksack machst. Es geht darum, den Raum zu maximieren und sicherzustellen, dass alles effizient und sicher ankommt!

FIFO (First In, First Out): Die faire Regel des "Wer zuerst kommt, mahlt zuerst"

Okay, stell dir vor, du hast eine enge Röhre und spielst mit Murmeln. Du steckst eine Murmel nach der anderen hinein. Welche Murmel rollt zuerst heraus? Richtig, diejenige, die du als Erste hineingesteckt hast. Dieses einfache Konzept ist eigentlich eine Methode, die in vielen Bereichen, insbesondere in der Logistik und im Lagermanagement, angewendet wird und den Namen "FIFO" oder "First In, First Out" trägt.

Aber warum ist das überhaupt wichtig? Denk mal an Lebensmittel in einem Supermarkt. Du willst doch nicht, dass die alte Milch von letztem Monat hinter der neuen Milch von dieser Woche steht und erst verkauft wird, wenn sie schon schlecht geworden ist. Um sicherzustellen, dass die ältesten Produkte zuerst verkauft werden und die Frische gewährleistet ist, setzen Geschäfte die FIFO-Methode ein.

Das FIFO-Prinzip wird nicht nur in Supermärkten angewendet, sondern auch in vielen anderen Branchen, um die Lagerbestände zu verwalten. In der Produktion stellt es beispielsweise sicher, dass ältere Materialien vor neueren verwendet werden, um Verschwendung und Verluste zu vermeiden. In der Finanzwelt kann FIFO auch für die Bewertung von Vermögenswerten oder die Bestimmung von Gewinnen und Verlusten herangezogen werden, indem immer die ältesten Kosten herangezogen werden.

Wenn du also das nächste Mal in der Schlange stehst und der Gedanke "Wer zuerst kommt, mahlt zuerst" in den Sinn kommt, denk daran, dass dieses Prinzip weit über das Warten in der Schlange hinausgeht. Es ist eine effektive Methode, um sicherzustellen, dass alles reibungslos und fair abläuft, egal ob im Supermarkt, in der Fabrik oder an der Börse!

Filiallogistik: Warum dein Lieblingsshirt immer verfügbar ist

Stell dir vor, du gehst in eine Filiale deiner Lieblingskleidungsmarke in deiner Stadt und dann noch in eine andere Stadt. Egal wo du hineingehst, du findest immer das gleiche Angebot, dieselben neuen Styles und dieselben Größen. Das scheint fast magisch, oder? Aber dahinter steckt kein Zauber, sondern die Filiallogistik.

Die Filiallogistik ist der Prozess, der sicherstellt, dass alle Filialen einer Kette - ob es sich um Kleidung, Elektronik oder Lebensmittel handelt - mit den richtigen Produkten in der richtigen Menge beliefert werden. Dies geschieht, indem man genau analysiert, was in welcher Filiale benötigt wird und wann. Nehmen wir an, ein neues Shirt-Design wird herausgebracht. Das Zentrallager erhält Tausende von diesen Shirts. Jetzt muss entschieden werden, wie viele Shirts zu welcher Filiale geschickt werden. Vielleicht hat eine Filiale in einer großen Stadt eine höhere Nachfrage und bekommt daher mehr Shirts, während eine kleinere Filiale auf dem Land weniger bekommt. Die Filiallogistik befasst sich auch damit, wie die Waren von A nach B gelangen. Das beinhaltet den Transport, das Timing und die Art und Weise, wie die Produkte in den Laden gelangen, damit die Regale immer gefüllt sind, wenn du einkaufen gehst. Aber es geht nicht nur um die Belieferung. Wenn in einer Filiale Produkte nicht verkauft werden, können sie zurück ins Zentrallager geschickt und von dort aus an eine andere Filiale weitergeleitet werden, in der sie vielleicht gefragter sind.

Kurz gesagt, die Filiallogistik ist wie ein gut orchestriertes Ballett hinter den Kulissen, das sicherstellt, dass du immer das findest, was du suchst, egal in welcher Filiale du einkaufst. So bleibt dein Shopping-Erlebnis immer gleichbleibend gut, egal wo du gerade bist.

First-Party Logistik: Mach's dir selbst!

Du kennst sicherlich den Begriff "DIY" (Do it yourself), oder? Es geht darum, Dinge selbst zu machen, anstatt sie zu kaufen oder andere für dich tun zu lassen. Dieses Konzept gibt es auch in der Welt der Logistik, und es nennt sich "First-Party Logistik". Stell dir vor, du hast einen Online-Shop für coole selbstgemachte T-Shirts. Anstatt deine T-Shirts an ein externes Unternehmen zu geben, das sich um den Versand und die Lieferung kümmert, entscheidest du dich, alles selbst zu tun. Du verpackst die Bestellungen, bringst sie zur Post und sorgst dafür, dass alles reibungslos läuft. Hierbei bist du der "First Party", also die erste Partei, die alles selbst in die Hand nimmt.

Das kann einige Vorteile haben:

- **Kontrolle:** Da du alles selbst machst, hast du die volle Kontrolle über den Prozess und kannst sicherstellen, dass alles genau so läuft, wie du es möchtest.
- **Kosten:** Wenn du nicht viele Bestellungen hast, kann es günstiger sein, alles selbst zu machen, anstatt einen externen Dienstleister zu bezahlen.

Aber es gibt auch Nachteile:

- **Zeit:** All das Verpacken und Verschicken kann viel Zeit in Anspruch nehmen, besonders wenn dein Business wächst.
- **Expertise:** Logistik kann komplex sein, und es kann sein, dass du nicht alle Tricks und Tipps kennst, die ein spezialisiertes Unternehmen kennen würde.

Letztendlich hängt es von der Größe deines Unternehmens, deinen Fähigkeiten und deinen Prioritäten ab, ob First-Party Logistik für dich sinnvoll ist. Es ist ein bisschen wie bei DIY-Projekten: Manchmal ist es großartig, alles selbst zu machen, aber manchmal ist es auch schön, ein wenig Hilfe zu haben!

Fixkostenspediteur: Fixer Preis, kein Drama!

Okay, lass uns über Speditionen sprechen - aber auf eine Art, die du wirklich verstehen wirst. Du kennst sicherlich das Gefühl, wenn du mit Freunden Pizza bestellen möchtest, und jeder zahlt einen festen Betrag, egal wie viele Toppings er wählt. Das ist einfach und unkompliziert, oder? Ein Fixkostenspediteur arbeitet nach einem ähnlichen Prinzip, aber in der Welt des Transports. Ein Fixkostenspediteur ist ein Transportdienstleister, der für den Transport von Waren einen festen Preis anbietet, unabhängig von den tatsächlichen Transportkosten. Das bedeutet, dass der Kunde im Voraus genau weiß, wie viel er bezahlen muss, und es keine bösen Überraschungen gibt. Stell dir vor, du bist ein Unternehmen, das regelmäßig Produkte zwischen zwei Städten transportieren muss. Anstatt jedes Mal unterschiedliche Preise zu zahlen, abhängig von Faktoren wie Treibstoffkosten oder Verkehrsaufkommen, machst du mit einem Fixkostenspediteur einen Deal: "Für jeden Transport zahle ich dir immer X Euro." So einfach ist das!

Die Vorteile?

- **Planbarkeit:** Du weißt immer, was du zahlen musst.
- **Einfachheit:** Kein ständiges Verhandeln oder Überraschungen bei den Kosten.
-

Der Nachteil könnte sein, dass du manchmal vielleicht mehr zahlst, als die tatsächlichen Kosten des Transports betragen würden. Aber für viele Unternehmen ist die Sicherheit und Vorhersehbarkeit dieses Systems es wert.

Kurz gesagt: Ein Fixkostenspediteur ist wie eine Flatrate für den Transport. Einfach, unkompliziert und ohne Drama!

Fixtermin: Wenn's genau DANN sein muss!

Hey, erinnerst du dich an das letzte Mal, als du mit deinen Freunden ins Kino wolltest und ihr einen genauen Zeitpunkt für den Film ausgesucht habt? Das Datum und die Uhrzeit standen fest, und jeder wusste: "Um diese Zeit geht's los!" Das ist ein bisschen so, wie ein Fixtermin in der Logistik.

Ein Fixtermin ist ein genau festgelegter Zeitpunkt, zu dem etwas geschehen soll. In der Transport- und Lieferwelt bedeutet das: Ein Paket, eine Lieferung oder eine andere Sendung muss genau zu diesem speziellen Datum und Uhrzeit an einem bestimmten Ort sein. Nicht früher und nicht später!

Stell dir vor, du bestellst etwas Besonderes für eine Party und brauchst es genau am Samstag um 15 Uhr. Ein Fixtermin garantiert dir, dass es genau zu diesem Zeitpunkt geliefert wird.

Warum ist das cool?

- **Sicherheit:** Du kannst dich darauf verlassen, dass alles pünktlich ankommt.
- **Planung:** Du kannst alles andere drumherum planen, weil du genau weißt, wann das Wichtige geschieht.

Aber natürlich gibt's auch eine Kehrseite: Wenn du einen Fixtermin vereinbarst, kann es manchmal teurer werden, weil der Lieferdienst sicherstellen muss, dass alles genau nach Plan läuft.

Kurz gesagt: Ein Fixtermin ist wie ein Kinobesuch mit festem Filmstart. Du kannst dich darauf verlassen, dass alles genau dann passiert, wenn es geplant war!

Fördertechnik: Warum alles reibungslos läuft

Du kennst bestimmt die Szene aus Filmen, in der ein Charakter durch ein Labyrinth von sich bewegenden Bändern in einer großen Fabrik oder einem Lagerhaus stolpert. Oder vielleicht hast du schon einmal an einem Flughafen zugeschaut, wie dein Gepäck auf einem Band verschwindet und dich gefragt, wohin es eigentlich geht. Das alles hat mit Fördertechnik zu tun!

Die Fördertechnik ist, vereinfacht gesagt, die Kunst und Wissenschaft des Transportierens von Dingen von einem Punkt zum anderen, ohne dass sie von Menschenhand bewegt werden müssen. Denke an Laufbänder, Rolltreppen, Kräne oder sogar Aufzüge. Sie alle gehören zur Fördertechnik. Warum ist das wichtig? Stell dir vor, in einem großen Lagerhaus müssten Arbeiter jeden einzelnen Artikel von Hand von einem Regal zum anderen tragen. Das wäre nicht nur extrem anstrengend, sondern auch zeitaufwendig. Stattdessen können mit Hilfe von Fördertechnik, zum Beispiel Rollenbahnen, Produkte effizient durch das Lager bewegt werden. Das spart Zeit, Energie und reduziert auch die Fehlerquote. Aber es geht nicht nur um Laufbänder in Lagerhäusern. Innovative Fördertechniken finden sich heute in vielen Bereichen unseres Lebens. Von den riesigen Kränen in Containerhäfen, die schwere Frachtcontainers heben und versetzen, bis hin zu den winzigen Maschinen in Uhren, die dafür sorgen, dass alles im Takt bleibt. Die Fördertechnik ist also im Grunde genommen eine unsichtbare Kraft, die unsere moderne Welt am Laufen hält. Sie sorgt dafür, dass Warensendungen pünktlich ankommen, dass deine Online-Bestellungen reibungslos abgewickelt werden und dass alles, von der Schokoriegelproduktion bis zur Autoherstellung, effizient und schnell abläuft. Nächstes Mal, wenn du etwas auf einem Laufband oder einer Rolltreppe siehst, denke daran, dass dies nur die Spitze des Eisbergs der Fördertechnik ist!

Four-Party-Logistik (4PL): Das strategische Meisterhirn hinter der Logistik

Denk mal an ein großes, kompliziertes Puzzle. Wenn du nur ein paar Teile hast, ist es vielleicht einfach, sie selbst zusammenzusetzen. Aber was ist, wenn das Puzzle Tausende von Teilen hat und du nicht genau weißt, wie sie alle perfekt zusammenpassen? Hier kommt die 4PL, oder Four-Party-Logistik, ins Spiel.

Wenn wir über 3PL gesprochen haben, ging es um Unternehmen, die sich um Lagerung, Transport und so weiter kümmern. Das ist super, aber manchmal braucht man noch mehr. Manchmal braucht man jemanden, der das große Ganze sieht, jemanden, der nicht nur ein einzelnes Puzzle zusammensetzt, sondern alle Puzzles gleichzeitig managt. Und genau das macht ein 4PL-Anbieter. Ein 4PL-Anbieter ist wie ein Schachmeister, der mehrere Spiele gleichzeitig spielt. Dieses Unternehmen kümmert sich nicht nur um den Transport oder die Lagerung, sondern übernimmt die komplette Koordination und Planung deiner gesamten Lieferkette. Stell dir vor, du hast jetzt mehrere Unternehmen, die sich um verschiedene Aspekte deiner Logistik kümmern – ein Unternehmen für den Versand, ein anderes für das Lager und noch eines für den Onlineverkauf. Ein 4PL-Anbieter wäre derjenige, der all diese verschiedenen Unternehmen koordiniert, damit alles nahtlos funktioniert. Du fragst dich vielleicht: "Warum nicht alles selbst machen?" Die Antwort ist ziemlich einfach: Ein 4PL-Anbieter hat das Fachwissen und die Ressourcen, um alles effizienter zu gestalten. Sie nutzen modernste Technologie und Datenanalyse, um sicherzustellen, dass alles reibungslos funktioniert. Es ist, als hättest du einen Supercomputer, der alle Aspekte deines Geschäfts optimiert. Zusammenfassend: Wenn 3PL wie der Motor eines Autos ist, der es antreibt, dann ist 4PL wie das Navigationssystem, das sicherstellt, dass du den besten und effizientesten Weg nimmst. Es geht nicht nur darum, Dinge von A nach B zu bewegen, sondern darum, das gesamte System zu optimieren. Cool, oder?

Fracht- und Laderaumbörse: Tinder für Lkw-Fahrer und Pakete!

Okay, du kennst bestimmt Tinder, oder? Das Prinzip ist einfach: Personen, die zueinander passen, finden sich über die App. Jetzt stell dir vor, es gäbe so eine App nicht für Menschen, sondern für Lkw-Fahrer und die Waren, die sie transportieren sollen. Das ist im Grunde genommen eine Fracht- und Laderaumbörse!

In der Transportwelt gibt es oft Lkw-Fahrer, die eine leere Ladefläche haben und noch Platz für Waren, die von A nach B gebracht werden müssen. Gleichzeitig gibt es Unternehmen, die dringend Waren transportieren müssen, aber keinen Lkw zur Hand haben. Genau hier kommt die Fracht- und Laderaumbörse ins Spiel:

Angebot trifft Nachfrage: Fahrer, die freien Platz haben, bieten diesen in der Börse an. Unternehmen, die etwas transportieren wollen, suchen hier nach dem passenden "Date" für ihre Fracht.
Effizienz: Statt mit einem halb leeren Lkw durch die Gegend zu fahren, können Fahrer ihren Lkw optimal auslasten und zusätzliches Geld verdienen.
Umweltschutz: Weniger Leerfahrten bedeuten weniger CO_2-Ausstoß und somit eine bessere Umweltbilanz.
Es ist also eine Win-Win-Situation für alle: Unternehmen finden schneller Transportmöglichkeiten, Lkw-Fahrer maximieren ihre Einnahmen und die Umwelt wird weniger belastet.

Also, das nächste Mal, wenn du einen Lkw auf der Autobahn siehst, denke daran: Vielleicht hat er sein perfektes "Match" in einer Fracht- und Laderaumbörse gefunden!

Frachtbrief: Der Reisepass deiner Sendung

Stell dir vor, du würdest in ein fremdes Land reisen und hättest keinen Reisepass dabei. Schwierig, oder? Genau so ergeht es einer Ware, die von einem Ort zum anderen geschickt wird, wenn sie keinen Frachtbrief hat.

Der Frachtbrief, manchmal auch "Ladeschein" genannt, ist ein wichtiges Dokument im Transportwesen. Er bestätigt nicht nur, dass ein Transportunternehmen die Ware übernommen hat, sondern gibt auch genaue Details über diese Ware. Dazu gehören Informationen wie Art, Menge, Gewicht und Zielort der Sendung. Der Frachtbrief ist quasi wie ein Ausweis für die Ware und sagt: "Hallo, ich bin hier, und so sieht meine Reiseroute aus!"

Warum ist das so wichtig? Ganz einfach: Wenn es beim Transport zu Problemen kommt, zum Beispiel wenn eine Lieferung beschädigt wird oder verloren geht, dient der Frachtbrief als Beweis dafür, was genau transportiert wurde und welche Vereinbarungen getroffen wurden. Er gibt sowohl dem Absender als auch dem Empfänger Sicherheit. Außerdem hilft der Frachtbrief den Transportunternehmen bei der Organisation. Sie können damit leicht überprüfen, welche Waren sie transportieren und wo diese hin müssen. Und falls du dich jetzt fragst, ob jeder kleine Brief, den du per Post verschickst, auch einen Frachtbrief braucht: Nein, das gilt hauptsächlich für größere Sendungen und spezielle Transportarten wie LKW-, Schiffs- oder Luftfracht.

Kurz gesagt, der Frachtbrief ist ein unscheinbares, aber super wichtiges Dokument in der Welt des Transports. Er sorgt dafür, dass alles reibungslos läuft und jeder weiß, was Sache ist. Das nächste Mal, wenn du ein großes Paket erhältst, könntest du ja mal nachsehen, ob du den Frachtbrief finden kannst - es ist spannend zu sehen, welchen "Reisepass" deine Lieferung dabei hatte!

Frachtführer: Der Kapitän deines Pakets auf dem Landweg

Wenn du an Kapitäne denkst, kommen dir wahrscheinlich mutige Seefahrer in den Sinn, die mit ihren Schiffen die Ozeane überqueren. Aber wusstest du, dass es auch "Kapitäne" für den Transport auf Straßen gibt? Diese "Landkapitäne" nennen wir Frachtführer.

Ein Frachtführer ist jemand - meistens ein Unternehmen oder eine Person -, der dafür verantwortlich ist, Güter von Punkt A nach Punkt B zu transportieren. Stell dir vor, du hast online ein neues Fahrrad bestellt. Der Frachtführer wäre dann das Transportunternehmen, das dafür sorgt, dass dein Fahrrad sicher und pünktlich bei dir ankommt. Es klingt einfach, oder? Aber der Job eines Frachtführers ist weit mehr als nur Fahren. Er muss sicherstellen, dass die Ware in gutem Zustand bleibt, er muss die schnellsten und sichersten Routen kennen und oft auch spezielle Ausrüstung haben, je nachdem, was er transportiert. Manchmal transportieren Frachtführer auch gefährliche Güter wie Chemikalien, und dann müssen sie ganz besondere Vorsichtsmaßnahmen treffen. Der Fracht führer ist auch rechtlich für die Ware verantwortlich, solange sie in seinem Besitz ist. Wenn also etwas mit deinem Fahrrad passieren würde, während es transportiert wird, wäre es Aufgabe des Frachtführers, das Problem zu lösen. Jetzt denkst du vielleicht: "Und was ist mit Paketen, die per Flugzeug oder Schiff kommen?" Das ist ein guter Punkt! Für den Luft- und Seeverkehr gibt es eigene Bezeichnungen. Aber wenn es um den Transport auf der Straße geht, egal ob mit einem kleinen Lieferwagen oder einem riesigen LKW, dann ist der Frachtführer der Chef im Ring.

Das nächste Mal, wenn du also eine Lieferung erwartest, denk daran: Hinter diesem Paket steckt ein Frachtführer, der sicherstellt, dass alles reibungslos abläuft und du deine Bestellung in Top-Zustand erhältst!

Frachtpflichtiges Gewicht: Wenn es nicht nur aufs Gewicht ankommt!

Stell dir vor, du buchst einen Flug für deinen nächsten Urlaub und musst Gepäck aufgeben. Du denkst vielleicht, je schwerer das Gepäck, desto teurer wird es, richtig? In der Transport- und Logistikwelt gibt es aber einen Haken: Das "frachtpflichtige Gewicht". Es geht nicht nur darum, wie schwer etwas ist, sondern auch, wie viel Platz es einnimmt.

Das Prinzip ist einfach: Wenn du zwei Pakete hast und eines ist schwer wie ein Stein, aber ziemlich klein, und das andere ist leicht wie eine Feder, aber riesig, welches kostet mehr zu transportieren? Es kommt darauf an!

Das frachtpflichtige Gewicht berücksichtigt sowohl das tatsächliche Gewicht (z. B. 10 kg) als auch das Volumen oder den Raum, den es einnimmt. Transportunternehmen berechnen dies, weil manchmal große, sperrige Gegenstände, obwohl sie leicht sind, mehr Platz im Transportmittel (z.B. im Lkw oder Flugzeug) beanspruchen und somit andere Fracht verdrängen.

Die genaue Berechnung kann variieren, aber oft wird das Volumen des Pakets (Länge x Breite x Höhe) durch eine bestimmte Zahl geteilt, um ein "volumetrisches Gewicht" zu erhalten. Dann wird dieses mit dem tatsächlichen Gewicht verglichen, und das höhere der beiden wird als frachtpflichtiges Gewicht verwendet.

Also, das nächste Mal, wenn du darüber nachdenkst, einen riesigen Teddybären oder ein Surfboard zu verschicken, bedenke, dass es nicht nur auf das Gewicht ankommt, sondern auch auf den Platz, den es einnimmt!

Frachtkosten: Was steckt hinter dem Preis deines Pakets?

Stell dir vor, du bestellst ein neues Videospiel oder ein cooles Shirt aus einem Online-Shop. Die Vorfreude ist groß, und kurze Zeit später hältst du das Paket in den Händen. Aber hast du dich jemals gefragt, wie viel es eigentlich kostet, dieses Paket zu dir nach Hause zu bringen? Genau darum geht's, wenn man von "Frachtkosten" spricht.

Frachtkosten sind quasi die "Ticketpreise" für deine Bestellung, um sie von A nach B zu transportieren. Egal ob mit dem Flugzeug, Schiff, Lkw oder sogar mit der Bahn – für jeden Transportweg fallen Kosten an. Diese Kosten können je nach Entfernung, Gewicht des Pakets und dem Transportmittel unterschiedlich hoch sein. Manchmal siehst du beim Online-Shopping einen Posten namens "Versandkosten". Das ist der Betrag, den du als Kunde zusätzlich zum Produkt bezahlst, um es zu dir liefern zu lassen. Aber Achtung: Nicht immer sind die tatsächlichen Frachtkosten und die angegebenen Versandkosten identisch. Unternehmen bieten oft pauschale Versandkosten an oder sogar kostenlosen Versand, um Kunden anzulocken. Das bedeutet aber nicht, dass der Transport tatsächlich nichts kostet. Die Differenz übernimmt dann oft das Unternehmen selbst. Warum ist das wichtig zu wissen? Weil die Frachtkosten einen großen Einfluss auf die Endpreise haben können. Je teurer der Transport, desto teurer kann auch das Produkt werden. Außerdem kann es sinnvoll sein, mehrere Dinge auf einmal zu bestellen, um Versandkosten zu sparen.

Nächstes Mal, wenn du also online bestellst, denk mal drüber nach: Hinter jedem Paket steckt eine Reise, und diese Reise hat ihren Preis. Das sind die Frachtkosten, die dafür sorgen, dass du deine Bestellung sicher und schnell in den Händen halten kannst.

Frachtraum: Der VIP-Bereich für deine Bestellungen

Kennst du das Gefühl, wenn du mit Freunden ins Kino gehst und du versuchst, die besten Plätze zu finden, damit ihr alle bequem sitzen könnt? Oder wenn du versuchst, all dein Gepäck in den Kofferraum deines Autos zu quetschen, bevor du in den Urlaub fährst? Das ist ein bisschen so, wie es in der Welt des Transports und der Logistik mit dem "Frachtraum" läuft.

Frachtraum ist im Grunde der verfügbare Platz in einem Transportmittel - sei es ein Lkw, ein Schiff, ein Flugzeug oder ein Zug - um Waren zu lagern und zu transportieren. Es geht nicht nur darum, wie viel Platz vorhanden ist, sondern auch darum, wie man diesen Raum am besten nutzt. Warum ist das wichtig? Nun, stell dir vor, ein Online-Shop hat 100 Bestellungen zu versenden, aber nur Platz für 80 Pakete im Lkw. Das wäre ein Problem, oder? Sie müssen entscheiden, welche Pakete zuerst versendet werden und welche warten müssen. Oder sie müssen überlegen, wie sie die Pakete am besten anordnen, um alles hineinzubekommen.

Aber es geht nicht nur um die Menge. Die Sicherheit ist auch ein Riesen-Thema. Man kann nicht einfach alles wahllos hineinstopfen. Schwerere Dinge sollten unten liegen, um ein Umkippen zu verhindern. Und empfindliche Gegenstände wie Elektronik oder Glaswaren müssen sicher und geschützt platziert werden. In der Logistikbranche gibt es Profis, die genau das machen: Sie planen, wie man den Frachtraum am besten nutzt. Es ist wie ein riesiges Tetris-Spiel, bei dem jedes Teil perfekt passen muss.

Wenn du also das nächste Mal ein Paket erhältst, denk daran, dass es einen speziellen Platz im VIP-Bereich des Frachtraums hatte, um sicher und pünktlich bei dir anzukommen!

Frachtvermittler: Die coolen Party-Planer der Logistikwelt

Du kennst doch diese Situation, in der du eine mega Party organisieren willst, aber nicht wirklich weißt, welche Band oder welchen DJ du buchen sollst, oder? Hier kommt der Party-Planer ins Spiel, der alles kennt und die besten Kontakte hat. Er verbindet dich mit dem perfekten DJ für deine Feier. In der Welt des Transports und der Lieferungen gibt es eine ähnliche Rolle: den Frachtvermittler.

Ein Frachtvermittler ist wie der Mittelsmann zwischen jemandem, der etwas versenden möchte, und einem Transportunternehmen, das den freien Raum in seinem Lkw, Schiff oder Flugzeug hat. Er kennt beide Seiten: die Bedürfnisse des Absenders und die Kapazitäten der Transportunternehmen. Er stellt sicher, dass die Waren nicht nur transportiert werden, sondern auch zum richtigen Zeitpunkt und am richtigen Ort ankommen. Stell dir vor, du hast eine riesige Ladung Sneakers, die du von Berlin nach München schicken willst. Aber du hast keinen eigenen Lkw und keine Ahnung, welches Transportunternehmen gerade freien Platz hat und wann. Ein Anruf beim Frachtvermittler, und er kümmert sich um alles. Er findet das perfekte Transportunternehmen für deine Ladung und stellt sicher, dass deine Sneakers sicher und pünktlich ankommen. Für diesen Service nimmt der Frachtvermittler natürlich eine Gebühr. Aber denk mal drüber nach: Es ist ein bisschen so, als würdest du jemanden dafür bezahlen, dass er die perfekte Party für dich organisiert, damit du dich zurücklehnen und Spaß haben kannst.

In der Logistikbranche sind Frachtvermittler unverzichtbar. Sie halten den Warenfluss am Laufen und sorgen dafür, dass alles reibungslos funktioniert. Es ist also eine ziemlich coole Aufgabe – fast so cool wie das Planen einer unvergesslichen Party!

Frachtvertrag: Die Regeln für den großen Transport-Trip

Okay, stell dir mal vor, du und deine Freunde planen einen epischen Roadtrip. Aber bevor ihr losfahrt, legt ihr einige Grundregeln fest: Wer fährt wann? Wer bezahlt das Benzin? Wo sind die Pausen? All das schreibt ihr in einem Dokument nieder, damit jeder weiß, was Sache ist. So in etwa funktioniert ein Frachtvertrag, nur eben für den Transport von Waren und nicht für coole Roadtrips.

Ein Frachtvertrag ist im Grunde eine schriftliche Vereinbarung zwischen zwei Parteien: Demjenigen, der etwas verschicken möchte (Absender) und demjenigen, der den Transport übernimmt (z.B. ein Lkw-Unternehmen). Dieser Vertrag legt alle Details und Bedingungen des Transports fest. Zum Beispiel: Wie viel es kostet, wann und wo die Ware abgeholt und abgeliefert wird und wer für was verantwortlich ist, falls etwas schief geht, wie z.B. wenn die Lieferung verspätet ankommt oder etwas beschädigt wird.

Wie beim Roadtrip geht es hier darum, sicherzustellen, dass alle Beteiligten auf der gleichen Seite sind und genau wissen, was von ihnen erwartet wird. Ein Frachtvertrag gibt also beiden Seiten Sicherheit. Der Absender weiß, dass seine Ware sicher und pünktlich ankommt, und das Transportunternehmen weiß genau, was es tun muss und wie viel es dafür bezahlt wird.

Und genauso wie du sicherstellen würdest, dass alle Regeln für deinen Roadtrip klar sind, bevor ihr losfahrt, ist es auch bei einem Frachtvertrag wichtig, alles im Detail zu klären. Denn wenn alle wissen, was sie tun müssen, läuft alles reibungslos - ob auf dem epischen Roadtrip oder beim Transport von Waren quer durchs Land.

Free Carrier (FCA): Der Punkt, an dem das Paket seine Reise alleine fortsetzt

Also, du kennst das sicher: Du bestellst dir online etwas Cooles und kannst es kaum erwarten, bis es ankommt. Aber hast du dich jemals gefragt, wie genau dieser Prozess abläuft, insbesondere wenn deine Bestellung aus einem anderen Land kommt? Hier kommt "Free Carrier" (FCA) ins Spiel, ein Begriff aus der Welt des internationalen Handels.

Stell dir FCA wie den Moment vor, in dem du einem Freund dein Skateboard ausleihst. Ihr trefft euch am Skatepark, du gibst ihm das Skateboard, und ab da ist er dafür verantwortlich. Er muss darauf achten, dass es nicht gestohlen wird, es nicht kaputtgeht und es dir am Ende wieder zurückgibt.Im Handel funktioniert FCA so ähnlich: Wenn ein Verkäufer (z.B. ein Unternehmen) und ein Käufer (z.B. ein anderes Unternehmen oder du) einen Deal mit FCA-Bedingungen abschließen, bedeutet das, dass der Verkäufer seine Pflicht erfüllt hat, sobald er die Ware einem bestimmten Ort (zum Beispiel einem Hafen oder Lager) liefert. Ab diesem Zeitpunkt übernimmt der Käufer die Verantwortung - er muss für den weiteren Transport sorgen, für alle Kosten aufkommen und das Risiko tragen, falls unterwegs etwas schiefgeht. Es ist also wie eine Übergabe-Staffel in einem Rennen. Der Verkäufer bringt die Ware bis zu einem bestimmten Punkt (dem "Übergabepunkt"), und dann übernimmt der Käufer und bringt sie ins Ziel.

FCA ist nur eine von vielen "Incoterms" (internationale Handelsbedingungen). Jeder dieser Begriffe definiert, wer was macht, wer bezahlt und wer das Risiko trägt, wenn Waren von einem Ort zum anderen transportiert werden. So kann jeder sicher sein, was seine Aufgabe ist und wann er sie erledigen muss. Und du? Du kannst dich einfach entspannt zurücklehnen und darauf warten, dass dein cooles neues Ding ankommt!

FTL (Full Truck Load): Wenn der Truck nur für dich rollt!

Okay, stell dir vor, du und deine Freunde wollt eine mega Party schmeißen und braucht dafür eine Menge Zeug - genug, um einen ganzen LKW zu füllen. Keine Handvoll Dinge, sondern ein kompletter Truck voller Party-Equipment! Das nennt man in der Logistik-Welt "FTL", was für "Full Truck Load" steht.

Was heißt das genau? Anstatt dass ein LKW verschiedene Sachen für verschiedene Leute transportiert (wie ein Schulbus, der an mehreren Haltestellen anhält), ist der Truck in diesem Fall nur für eine Lieferung unterwegs. Es ist so, als würdet ihr einen VIP-Bus nur für euch und eure Freunde buchen, der ohne Zwischenstopps direkt zu eurem Ziel fährt.

Im echten Geschäftsleben nutzen Unternehmen FTL, wenn sie eine große Menge von Produkten haben, die alle zur gleichen Zeit am gleichen Ort ankommen sollen. Das kann schneller und manchmal auch günstiger sein, weil der LKW nicht ständig anhalten und andere Pakete ausliefern muss.

Aber warum sollte dich das interessieren? Denk an Online-Shopping: Wenn ein Shop viele Produkte auf einmal an ein Verteilzentrum in deiner Nähe schickt, kann es sein, dass du deine Bestellung schneller bekommst. Denn ein Truck, der nur für diesen Shop unterwegs ist (FTL), kann alle Produkte in einem Rutsch abliefern.

Kurz gesagt: FTL ist wie der Expresszug der Lieferwelt. Es geht direkt von Punkt A nach Punkt B, ohne unnötige Umwege. Und wenn du das nächste Mal einen großen Truck auf der Autobahn siehst, könnte es gut sein, dass er im FTL-Modus unterwegs ist, vollgepackt mit Sachen für nur einen einzigen Kunden!

Fuhrparkmanagement: Die Kunst, alle Autos im Blick zu haben!

Okay, stell dir vor, du bist der Boss einer riesigen Gang in einem Autorennen-Videospiel. Du hast viele Autos, Fahrer und Strecken, mit denen du jonglieren musst. Einige deiner Autos sind superschnell, andere sind eher robust, und manche sind perfekt, um durch matschige Pisten zu düsen. Jetzt stell dir vor, du müsstest all diese Autos in der realen Welt verwalten - sie reparieren, auftanken, reinigen und dafür sorgen, dass sie immer zur richtigen Zeit am richtigen Ort sind. Klingt nach einer Menge Arbeit, oder? Genau das machen Leute im Fuhrparkmanagement!

Ein Fuhrpark ist einfach eine Sammlung von Fahrzeugen, die einem Unternehmen gehören. Das können Lieferwagen, LKWs, Dienstwagen und manchmal sogar Flugzeuge oder Schiffe sein. Das Fuhrparkmanagement sorgt dafür, dass all diese Fahrzeuge gut in Schuss sind, sicher sind und da sind, wo sie gebraucht werden. Das bedeutet nicht nur, dass man die Ölwechsel und Reifenchecks im Blick hat. Es geht auch darum, die Kosten zu überwachen, um sicherzustellen, dass alles effizient läuft. Stell dir vor, du könntest in deinem Videospiel sehen, welches Auto am meisten Benzin verbraucht oder welcher Fahrer ständig gegen die Wand fährt. Du würdest wahrscheinlich ein paar Änderungen vornehmen, um mehr Rennen zu gewinnen, nicht wahr?

Das Fuhrparkmanagement macht im Grunde genau das, nur in der echten Welt. Sie nutzen Technologie und Daten, um zu überwachen, wie die Fahrzeuge genutzt werden, wo sie sind, und wie sie am besten eingesetzt werden können. Und ja, genau wie in deinem Spiel, geht es darum, das Beste aus dem herauszuholen, was man hat!

In Kürze: Fuhrparkmanagement ist wie das Spielen eines echt komplexen Autorennens, nur dass es in der echten Welt passiert. Es geht darum, sicherzustellen, dass jedes Fahrzeug in Topform ist und genau da ist, wo es gebraucht wird.

Fulfillment: Wenn Online-Shopping hinter den Kulissen ab-
geht!

Stell dir vor, du surfst im Internet und findest ein cooles T-Shirt, das du unbedingt haben möchtest. Du klickst auf "Kaufen", gibst deine Adresse ein und
wartest gespannt darauf, dass das Paket bei dir zu Hause ankommt. Aber was
passiert eigentlich zwischen deinem Klick und dem Moment, in dem der Postbote klingelt? Die Antwort ist: Fulfillment!

"Fulfillment" klingt vielleicht erstmal nach einem ziemlich komplizierten Wort,
aber im Grunde bedeutet es nur "Erfüllung" oder "Umsetzung". Im Kontext von
Online-Shopping bezieht es sich auf den gesamten Prozess, der dahinter steht,
um sicherzustellen, dass das, was du bestellt hast, auch wirklich bei dir ankommt. Es ist also quasi die Magie hinter den Kulissen! Sobald du auf "Kaufen"
klickst, wird deine Bestellung in einem Lager oder Verteilzentrum erfasst. Dort
wird dann das gewünschte T-Shirt aus den Regalen geholt, verpackt und ver-
sandfertig gemacht. Das alles muss ziemlich schnell gehen, denn niemand will
wochenlang auf seine Bestellung warten, oder? Doch das ist noch nicht alles.
Fulfillment umfasst auch die Lagerung der Produkte, das Management von Retouren und sogar den Kundenservice. Man könnte also sagen, es ist ein ziemlich
großer Aufwand, um sicherzustellen, dass dein Einkaufserlebnis so reibungslos
und angenehm wie möglich ist. Und während all das ziemlich kompliziert klingen mag, gibt es viele Unternehmen, die sich genau darauf spezialisiert haben.
Sie übernehmen das Fulfillment für Online-Shops, damit diese sich darauf konzentrieren können, coole Produkte zu verkaufen und dich als Kunden glücklich
zu machen.

Zusammengefasst: Das nächste Mal, wenn du online etwas bestellst, denk daran, dass hinter den Kulissen ein ganzes Team von Leuten und ein

ausgeklügeltes System dafür sorgen, dass deine Bestellung genauso bei dir ankommt, wie du es dir vorgestellt hast. Das ist die Magie des Fulfillment!

Gabelstapler: Die starken Helfer in großen Lagern!

Okay, stell dir mal eine riesige Lagerhalle vor, vollgestopft mit schweren Kisten, Paletten und riesigen Verpackungen. Wie, glaubst du, werden all diese Dinge von A nach B bewegt, ohne dass sich jemand dabei den Rücken verletzt oder ewig Zeit verliert? Die Antwort ist: Mit Gabelstaplern!

Der Gabelstapler ist im Grunde ein kleines Fahrzeug, aber mit einer Menge Power unter der Haube. Er hat vorne zwei lange "Gabeln", die sich unter Paletten oder schwere Lasten schieben lassen. Mit diesen Gabeln kann er Sachen anheben, transportieren und wieder absetzen. Du hast sicherlich schon mal solch einen Gabelstapler in Aktion gesehen, vielleicht in Baumärkten oder auf Baustellen. Was viele nicht wissen: Es erfordert eine spezielle Schulung und einen eigenen Führerschein, um einen Gabelstapler zu fahren. Das liegt daran, dass sie zwar superpraktisch, aber auch gefährlich sein können, wenn sie nicht richtig bedient werden. Ein falscher Move und schwere Lasten könnten herunterfallen oder jemand könnte verletzt werden. Außerdem gibt es nicht nur eine Art von Gabelstapler. Einige sind speziell für den Einsatz in engen Gängen entworfen, andere können extrem schwere Lasten heben und wieder andere sind sogar dafür gemacht, in großen Höhen zu arbeiten. Gabelstapler spielen eine Schlüsselrolle in der Logistik und helfen, den Warenfluss in Lagerhäusern und Verteilzentren auf der ganzen Welt am Laufen zu halten. Es ist also nicht übertrieben zu sagen, dass sie zu den unsung Heroes (ungenannten Helden) der Industrie gehören!

Zusammengefasst: Gabelstapler sind mehr als nur einfache Fahrzeuge. Sie sind essentielle Helfer, die schwer heben, damit wir es nicht müssen. Und wenn du das nächste Mal eine große Lieferung bekommst, denk daran, dass irgendwo ein Gabelstapler geholfen hat, sie auf den Weg zu bringen!

Gefahrenübergang: Wer trägt das Risiko, wenn was schiefgeht?

Stell dir vor, du verkaufst dein altes Smartphone online. Der Käufer wohnt in einer anderen Stadt, und du verschickst das Handy per Post. Jetzt stell dir vor, das Paket geht auf dem Weg verloren oder das Handy wird beschädigt. Die große Frage ist: Wer trägt das Risiko und muss für den Schaden aufkommen?

Genau hier kommt der "Gefahrenübergang" ins Spiel. Es ist der Moment, in dem das Risiko des Verlusts oder der Beschädigung einer Ware vom Verkäufer auf den Käufer übergeht. In den meisten Kaufverträgen wird genau festgelegt, wann dieser Übergang stattfindet.

Es gibt verschiedene Szenarien:

- **Ab Werk:** Das bedeutet, sobald du als Verkäufer das Handy bereitgestellt und dem Käufer oder dem Transportdienstleister mitgeteilt hast, dass es abgeholt werden kann, liegt das Risiko beim Käufer. Wenn dann etwas auf dem Transportweg passiert, ist das nicht mehr dein Problem.

- **Frei Haus:** Hier übernimmst du als Verkäufer die Verantwortung, bis das Handy beim Käufer ankommt. Geht das Handy verloren, bevor es beim Käufer ankommt, musst du den Schaden tragen.

Es gibt viele andere Möglichkeiten, den Gefahrenübergang zu regeln, je nachdem, was Verkäufer und Käufer vereinbaren. Wichtig ist, dass beide Parteien genau wissen, wann das Risiko wechselt, damit es im Falle eines Falles keine bösen Überraschungen gibt. Also, beim nächsten Online-Verkauf oder -Kauf, immer im Auge behalten, wann und wo der Gefahrenübergang stattfindet!

Gefahrgut: Nicht einfach nur ein Paket!

Stell dir vor, du bekommst ein Paket. Es könnte etwas Langweiliges wie ein Buch sein, oder vielleicht sogar ein neues Smartphone. Aber was wäre, wenn in diesem Paket etwas wäre, das explodieren, brennen oder sogar giftig sein könnte, wenn es nicht richtig behandelt wird? Das, mein Freund, wäre ein Gefahrgut. "Gefahrgut" ist der Name, den wir Dingen geben, die gefährlich sein können, wenn sie transportiert werden. Es könnte eine Flasche mit einer Chemikalie sein, die für wissenschaftliche Experimente benötigt wird, Batterien, die, wenn sie beschädigt werden, gefährliche Stoffe auslaufen lassen könnten, oder sogar Sprengstoff für professionelle Zwecke wie den Bergbau.

Da das Versenden von solchen Dingen natürlich Risiken mit sich bringt, gibt es strenge Regeln, wie man mit Gefahrgut umgehen muss. Denk nur an die Nachrichten von Flugzeugabstürzen, die durch unsachgemäß transportierte Batterien verursacht wurden, oder an Lkw-Unfälle, bei denen Chemikalien ausgelaufen sind. Die Personen, die mit Gefahrgut arbeiten, müssen speziell geschult werden. Sie müssen wissen, wie man es sicher verpackt, lagert und transportiert, und was im Falle eines Unfalls zu tun ist. Auf den Verpackungen von Gefahrgütern findest du auch spezielle Symbole, die anzeigen, welche Art von Gefahr von dem Inhalt ausgeht. Zum Beispiel ein Flammensymbol für brennbare Materialien oder ein Totenkopfsymbol für giftige Substanzen. Es ist superwichtig, dass jeder, der mit Gefahrgut zu tun hat, von der Abholung bis zur Lieferung, seine Sache richtig macht. Wenn nicht, kann es zu ernsthaften Problemen kommen.

Zum Abschluss: Das nächste Mal, wenn du in einem Lkw oder Flugzeug sitzt und ein Paket siehst, das als "Gefahrgut" markiert ist, denk daran, wie viel Arbeit und Vorsicht in den sicheren Transport dieses Pakets gesteckt wurde. Es ist definitiv nicht nur irgendein Paket!

Gefahrgutbeauftragter: Der Held hinter den Kulissen

Okay, lass uns kurz zurückdenken an das Thema Gefahrgut. Wir haben bereits festgestellt, dass es sich um Sachen handelt, die beim Transport gefährlich sein können. Aber wer stellt sicher, dass alles glatt läuft, wenn solche riskanten Güter versendet werden? Tritt auf: Der Gefahrgutbeauftragte!

Der Gefahrgutbeauftragte ist so etwas wie ein Superheld für gefährliche Sachen. Er (oder sie) sorgt dafür, dass Gefahrgüter sicher und nach den geltenden Vorschriften transportiert werden. Das klingt vielleicht einfach, ist es aber nicht. Dieser Job erfordert eine Menge Fachwissen über die verschiedenen Gefahren und wie man sie handhabt. Außerdem muss der Gefahrgutbeauftragte ständig auf dem neuesten Stand der Gesetze und Vorschriften bleiben, denn diese können sich ändern.

Neben dem Wissen über Gefahrgüter ist ein weiterer wichtiger Teil seiner Aufgabe die Schulung anderer Mitarbeiter. Er muss sicherstellen, dass jeder, der mit dem Gefahrgut in Berührung kommt, genau weiß, was er tut. Das bedeutet, er leitet Schulungen, überprüft Abläufe und ist oft der Ansprechpartner bei Fragen oder Problemen. Sollte mal etwas schief gehen (was wir natürlich nicht hoffen), ist der Gefahrgutbeauftragte oft der erste, der gerufen wird, um das Problem zu bewerten und Lösungen zu finden. Er muss im Krisenfall einen kühlen Kopf bewahren und sicherstellen, dass die Situation so sicher und schnell wie möglich geklärt wird.

Kurz gesagt: Während viele Leute vielleicht noch nie von einem Gefahrgutbeauftragten gehört haben, spielt er eine entscheidende Rolle dabei, unsere Straßen, Schienen und Lüfte sicher zu halten. Ein echter, aber oft unsichtbarer Held im Hintergrund!

Gitterboxpalette: Das Multitalent im Lager

Du kennst sicherlich die normalen Holzpaletten, auf denen Waren im Lager gestapelt oder zum Versand vorbereitet werden. Aber jetzt stell dir vor, diese Palette hätte Wände und manchmal sogar ein Dach – fast wie ein kleiner Käfig. Das ist im Grunde genommen eine Gitterboxpalette.

Gitterboxpaletten sind superpraktisch, weil sie nicht nur von unten mit einem Hubwagen oder Gabelstapler angehoben werden können, sondern ihre Gitterstruktur auch schützt und dafür sorgt, dass die gelagerten Sachen nicht so leicht herunterfallen. Das macht sie besonders geeignet für kleinere Teile oder solche, die etwas empfindlicher sind.

Ein weiterer Pluspunkt: Man kann sie super stapeln. Wenn eine Ladung im Lager ankommt oder verschickt wird, kann man mehrere dieser Boxen sicher übereinanderstapeln, ohne dass sie ins Wanken geraten. Das spart Platz und erleichtert die Organisation.

Außerdem sind sie ziemlich robust. Meistens sind sie aus festem Metall gefertigt, was sie widerstandsfähig gegen Stöße und anderes ruppiges Handling macht. Und falls du dir Sorgen machst, dass du den Inhalt nicht sehen kannst - kein Problem! Durch das Gitter siehst du auf den ersten Blick, was drinnen ist.

Also, ob im Lager, in der Produktion oder beim Versand – Gitterboxpaletten sind echte Allrounder und machen das Leben in der Logistikbranche um einiges einfacher. Wenn du also das nächste Mal in einem Lager bist oder einen Lastwagen entlädst, halte Ausschau nach diesen praktischen Dingern!

Gliederzug: Der Verwandlungskünstler auf der Straße

Stell dir vor, du bist auf der Autobahn unterwegs, und du siehst diesen superlangen LKW vor dir. Es sieht so aus, als hätte er einen Anhänger, aber irgendwie auch nicht... Was ist das? Herzlich willkommen in der Welt der Gliederzüge!

Ein Gliederzug, manchmal auch "Tandem" genannt, ist im Grunde ein LKW, der aus einem Zugfahrzeug und einem Anhänger besteht. Was ihn besonders macht, ist die Art und Weise, wie er sich bewegt. Während ein normaler LKW mit Anhänger beim Abbiegen manchmal schwierig zu manövrieren ist, kann sich ein Gliederzug fast wie ein einzelnes Fahrzeug bewegen. Warum? Weil er an zwei Stellen flexibel ist – am Zugfahrzeug und am Anhänger. Das macht ihn superwendig!

Gliederzüge sind ziemlich cool, denn sie können mehr Ladung transportieren als ein normaler LKW, aber sie sind nicht so sperrig und schwerfällig wie die riesigen Sattelzüge, die du vielleicht auch schon gesehen hast. Dies macht sie perfekt für Lieferungen in Städte oder andere Orte, wo es eng werden könnte.

Also, das nächste Mal, wenn du auf der Straße bist und einen dieser langen LKWs siehst, der sich geschmeidig durch den Verkehr schlängelt, weißt du, dass es ein Gliederzug ist. Ein echter Verwandlungskünstler auf Rädern!

Global Positioning System (GPS): Dein unsichtbarer Wegweiser

Kennst du das Gefühl, wenn du versuchst, zu einem neuen Ort zu gelangen und einfach keinen Plan hast, wohin du gehen sollst? In solchen Momenten ist das GPS – das Global Positioning System – oft dein Retter in der Not. Aber was steckt wirklich dahinter?

GPS ist im Grunde ein gigantisches Navigationssystem, das aus 24 Satelliten besteht, die rund um die Erde kreisen. Diese Satelliten senden Signale aus, und GPS-Empfänger (wie die in deinem Handy oder Auto) fangen diese Signale auf. Indem der Empfänger die Signale von mehreren Satelliten gleichzeitig empfängt, kann er genau bestimmen, wo du dich gerade auf der Erde befindest. Klingt nach Magie, oder? Aber es ist einfach Wissenschaft und Technik! Das Coole am GPS ist, dass es überall funktioniert – ob du in einer Großstadt zwischen Hochhäusern stehst, in einem dichten Wald wanderst oder mit Freunden auf einem Roadtrip durchs Land fährst. Es braucht nur einen klaren Blick zum Himmel, um die Satellitensignale zu empfangen. In den letzten Jahren hat GPS unser Leben in vielerlei Hinsicht verändert. Denk nur an Apps wie Google Maps oder Pokemon Go, die ohne dieses geniale System nicht funktionieren würden. Aber es geht nicht nur ums Navigieren: Landwirte nutzen GPS, um ihre Felder effizienter zu bewirtschaften, Wissenschaftler setzen es ein, um Tierbewegungen zu verfolgen, und Rettungsteams verwenden es, um vermisste Personen zu finden.

Kurz gesagt, das GPS ist wie ein unsichtbarer Freund, der immer da ist, um dir den Weg zu weisen und sicherzustellen, dass du nie wirklich verloren gehst. Das nächste Mal, wenn du deinem Handy dankst, dass es dir den Weg zeigt, denk daran, dass es im Hintergrund eine Armee von Satelliten gibt, die alle zusammenarbeiten, um dir zu helfen!

Güterverkehr: Die Reise deines Lieblings-Sneakers

Okay, stell dir vor, du bestellst das neueste Paar Sneakers online. Hast du dich jemals gefragt, wie diese Schuhe von einem fernen Ort – vielleicht aus einer Fabrik in Asien – zu deiner Haustür gelangen? Der Held hinter dieser Reise ist der Güterverkehr.

Der Güterverkehr bezeichnet den Transport von Waren von einem Ort zum anderen, sei es auf der Straße, per Bahn, durch die Luft oder auf dem Wasser. Und während es einfach klingt, ist es ein superkomplexes System, das dafür sorgt, dass alles von Obst und Gemüse im Supermarkt bis hin zu deinem brandneuen Laptop pünktlich und sicher ankommt. Denk mal an die vielen Schritte: Deine Sneakers werden zuerst in einer Fabrik hergestellt. Dann werden sie in große Kisten verpackt und vielleicht in einen Container geladen. Dieser Container wird entweder auf ein Schiff, einen LKW oder einen Zug verladen – manchmal sogar alle drei nacheinander! Nach einer oft langen Reise kommen die Schuhe in einem Lagerhaus in deinem Land an, bevor sie schließlich von einem Lieferwagen zu dir nach Hause gebracht werden. Das Tolle am modernen Güterverkehr ist seine Effizienz. In der Vergangenheit hätte es Wochen oder sogar Monate gedauert, Waren über weite Strecken zu transportieren. Heute können, dank moderner Technologie und gut organisierter Logistiknetzwerke, Produkte blitzschnell um die Welt geschickt werden.

Aber der Güterverkehr hat auch seine Herausforderungen: Umweltauswirkungen, Straßenverkehrsstaus und die Notwendigkeit, immer pünktlich zu liefern. Trotzdem, jedes Mal, wenn du ein Paket öffnest, erinnere dich an die unglaubliche Reise, die es hinter sich hat. Es ist nicht nur ein Paar Schuhe, sondern das Ergebnis von tausenden von Kilometern, unzähligen Menschen und beeindruckender Planung im Güterverkehr!

Hafen: Das pulsierende Herz des globalen Handels

Ein Hafen ist mehr als nur ein Ort, an dem Schiffe anlegen. Stell dir einen riesigen, vibrierenden Ort vor, an dem die ganze Welt auf magische Weise zusammentrifft. Ja, ich spreche von einem Hafen, dem Dreh- und Angelpunkt des weltweiten Handels.

Wenn du das nächste Mal am Meer oder an einem Fluss stehst und in der Ferne riesige Kräne und Container siehst, dann bist du Zeuge eines erstaunlichen Balletts der Logistik. Ein Hafen ist wie ein gigantischer Bahnhof, nur für Schiffe. Hier kommen Waren aus aller Welt an – von deinem Smartphone über dein Lieblingsshirt bis hin zu exotischen Früchten, die du im Supermarkt findest. Die Schiffe, die in einem Hafen anlegen, sind oft wahre Giganten. Einige sind so groß, dass sie mehrere Fußballfelder überspannen könnten! Und wenn sie ankommen, müssen sie mit Präzision und Sorgfalt entladen werden. Spezialisierte Kräne, Gabelstapler und eine Armee von Arbeitern sorgen dafür, dass die Waren schnell und sicher von den Schiffen auf LKWs oder Züge verladen werden, die sie dann ins Landesinnere transportieren. Aber Häfen sind nicht nur für den Import da. Sie sind auch der Ort, an dem Produkte, die in einem Land hergestellt werden, auf Schiffe geladen werden, um in ferne Länder exportiert zu werden. Daher spielen sie eine entscheidende Rolle für die Wirtschaft eines Landes.

Doch trotz der modernen Technologie ist das Arbeiten im Hafen immer noch hart. Die Arbeiter müssen bei jedem Wetter arbeiten, und die Bedingungen können manchmal ziemlich rau sein. Aber der Anblick eines Sonnenaufgangs über einem Hafen, wenn die ersten Schiffe des Tages ankommen und die Welt wieder ein Stückchen näher zusammenrückt, ist etwas wirklich Besonderes. Also, das nächste Mal, wenn du einen Hafen siehst, denk an die tausenden von Geschichten, die er erzählt – von fernen Ländern, von Menschen auf der ganzen

Welt, die hart arbeiten, und von der unglaublichen Reise, die jedes Produkt macht, bevor es in deinen Händen landet. Es ist wirklich ein Wunderwerk der globalen Vernetzung!

Hafenbehörde: Die Wächter des maritimen Verkehrs

Ein Hafen ist nicht nur ein Ort, wo Schiffe an- und ablegen, es ist ein extrem komplexes System, das viele verschiedene Funktionen und Aktivitäten beinhaltet. Und wer sorgt dafür, dass alles reibungslos funktioniert? Genau, die Hafenbehörde. Stell dir die Hafenbehörde wie die Verwaltung eines riesigen Einkaufszentrums vor. Nur dass es statt Geschäften Schiffe, Kräne, Docks und Container gibt. Diese "Verwaltung" überwacht alles: Sie sorgt dafür, dass die Schiffe sicher an- und ablegen können, legt fest, wo und wann geladen oder gelöscht wird und sie kümmert sich auch um die Infrastruktur des Hafens, wie Straßen, Gleise oder Gebäude. Aber die Hafenbehörde hat noch weitere Aufgaben. Sie ist auch dafür verantwortlich, dass die Umweltauflagen eingehalten werden. Das bedeutet, dass sie sicherstellen muss, dass der Hafenbetrieb nicht die Umwelt oder das Meeresleben schädigt. Dazu gehören auch Regelungen zur Verhinderung von Ölverschmutzungen oder zur Entsorgung von Abfällen.

Ein weiterer wichtiger Bereich ist die Sicherheit. Ein Hafen ist ein strategisch wichtiger Punkt, und die Hafenbehörde muss sicherstellen, dass hier keine illegalen Aktivitäten stattfinden. Das umfasst die Kontrolle von Waren auf Schmuggelware, aber auch den Schutz vor möglichen Angriffen oder Unfällen. Dazu kommt noch die wirtschaftliche Rolle. Die Hafenbehörde muss den Hafen wettbewerbsfähig halten, Tarife festlegen und manchmal auch Investitionen tätigen, um den Hafen zu erweitern oder zu modernisieren. Zusammengefasst kann man sagen, dass die Hafenbehörde das "Gehirn" des Hafens ist. Sie sorgt dafür, dass alles reibungslos läuft, sicher ist und sich ständig weiterentwickelt. Ohne sie wäre der Hafenbetrieb undenkbar. Also das nächste Mal, wenn du einen Hafen besuchst, denk daran, dass hinter all dem Trubel und der geschäftigen Aktivität ein gut organisierter und strukturierter Ablauf steckt, und das ist der Verdienst der Hafenbehörde.

Handelszoll: Mehr als nur eine Gebühr beim Grenzübertritt

Du hast sicherlich schon mal von Zoll gehört, besonders wenn jemand aus einem Nicht-EU-Land zurückkommt und von Kontrollen am Flughafen erzählt. Aber wusstest du, dass es verschiedene Arten von Zöllen gibt? Der Handelszoll ist eine davon, und er hat einen riesigen Einfluss auf die Wirtschaft und die Preise, die wir für Produkte bezahlen.

Stell dir den Handelszoll wie den Eintrittspreis in einen exklusiven Club vor. Länder nutzen diese "Eintrittspreise", um ihre eigenen Produkte und Industrien zu schützen. Wie funktioniert das? Nehmen wir an, ein Land möchte seine heimische Schuhindustrie schützen. Es könnte dann einen Handelszoll auf importierte Schuhe erheben. Das macht ausländische Schuhe teurer und fördert damit den Kauf von inländischen Schuhen.

Aber warum tun Länder das? Es gibt mehrere Gründe. Einige Länder möchten ihre jungen oder schwächelnden Industrien schützen, bis sie stark genug sind, um mit internationaler Konkurrenz mithalten zu können. Andere möchten Arbeitsplätze sichern oder sicherstellen, dass ihre Bürger Zugang zu bestimmten Waren oder Dienstleistungen haben.

Aber es gibt auch Nachteile. Wenn Länder hohe Handelszölle erheben, kann dies zu Handelskriegen führen, bei denen Länder sich gegenseitig mit Zöllen bestrafen. Dies kann die Preise für uns Verbraucher in die Höhe treiben und den globalen Handel beeinträchtigen.

Außerdem können Handelszölle dazu führen, dass Unternehmen Wege finden, diese zu umgehen, z. B. indem sie Produktion in Länder mit niedrigeren Zöllen verlagern. Das kann wiederum Arbeitsplätze in Ländern mit hohen Zöllen kosten.

In der heutigen globalisierten Welt sind Handelszölle ein heißes Thema und Gegenstand vieler Diskussionen zwischen Ländern. Manche argumentieren, dass sie notwendig sind, um fairen Handel zu gewährleisten, während andere glauben, dass sie Handelsbarrieren darstellen, die letztlich den Verbrauchern schaden.

Das nächste Mal, wenn du ein importiertes Produkt kaufst, überlege, wie Handelszölle den Preis beeinflusst haben könnten und wie sie die wirtschaftlichen Beziehungen zwischen Ländern formen. Es ist mehr als nur eine Gebühr; es ist ein Instrument, das beeinflusst, wie und wo Produkte hergestellt und verkauft werden.

Handling: Mehr als nur Anfassen

Wenn du das Wort "Handling" hörst, denkst du vielleicht an das bloße Anfassen oder Halten von Dingen. Aber in der Logistik und im Geschäftsbereich hat es eine tiefere Bedeutung. Lass uns das mal zusammen durchgehen!

Stell dir vor, du bestellst ein neues Paar Schuhe online. Diese Schuhe haben bereits eine ziemlich lange Reise hinter sich, bevor sie überhaupt bei dir ankommen. Nachdem sie in einer Fabrik hergestellt wurden, wurden sie in Kisten verpackt, auf Lkws geladen, zu einem Lagerhaus transportiert, später vielleicht in ein Flugzeug oder einen anderen Lkw umgeladen und schließlich zu deinem Haus geliefert. Jeder dieser Schritte, bei denen die Schuhe physisch bewegt, geladen, gelagert oder transportiert wurden, ist ein Teil des "Handlings". Handling kann auch die spezifische Art und Weise bezeichnen, wie Produkte behandelt oder gelagert werden, um sicherzustellen, dass sie in gutem Zustand bleiben. Denk an empfindliche Produkte wie elektronische Geräte, Lebensmittel oder medizinische Lieferungen - sie alle erfordern besonderes Handling, um sicherzustellen, dass sie nicht beschädigt werden oder verderben. Ein weiterer Aspekt von Handling betrifft die Effizienz. Unternehmen versuchen ständig, ihre Handling-Prozesse zu verbessern, damit sie Dinge schneller und mit weniger Aufwand bewegen können. Dies spart nicht nur Zeit, sondern auch Geld. Zum Beispiel könnten sie spezielle Maschinen oder Technologien verwenden, um schwere Kisten zu heben oder Waren in einem Lagerhaus zu sortieren.

Abschließend ist Handling viel mehr als das einfache "Anfassen" von Dingen. Es ist ein kritischer Prozess, der sicherstellt, dass Produkte sicher und effizient von einem Ort zum anderen gelangen. Und jedes Mal, wenn du etwas online bestellst, spielst du eine Rolle in diesem riesigen und faszinierenden Prozess des Handlings. So gesehen, hat das Paar Schuhe, das du bestellt hast, schon eine ganze Abenteuerreise hinter sich, bevor es überhaupt deinen Fuß berührt!

Handlingskosten: Warum das coole T-Shirt nicht nur den Stoff kostet

Du hast sicherlich schon einmal online geshoppt und dabei vielleicht auch die Versandkosten bemerkt, die manchmal anfallen, oder? Aber neben diesen Versandkosten gibt es auch noch andere Kosten, die nicht so offensichtlich sind, aber genauso real: die Handlingskosten.

Jetzt fragst du dich sicherlich, was das genau ist. Ganz einfach: "Handling" bezeichnet alle Tätigkeiten, die mit dem Umgang, der Lagerung und dem Transport von Produkten zu tun haben, bevor sie bei dir ankommen. Das umfasst das Auspacken von Lieferungen im Lager, das Einlagern der Artikel, das Zusammenstellen deiner Bestellung und schließlich das Verpacken und Verschicken zu dir. Die Handlingskosten sind also die Ausgaben, die ein Unternehmen hat, um all diese Aufgaben zu erledigen. Das kann Personal einschließen, das im Lager arbeitet, die Verpackungsmaterialien, die verwendet werden, oder auch die Technik und Maschinen, die dabei helfen, alles effizienter zu machen. Wenn du dir ein T-Shirt online für 20€ kaufst, dann sind in diesen 20€ nicht nur die Kosten für den Stoff und das Design des T-Shirts enthalten. Ein kleiner Teil dieses Betrags deckt auch die Handlingskosten ab. Das Unternehmen muss schließlich dafür bezahlen, dass jemand das T-Shirt aus dem Lager holt, es ordentlich verpackt und dafür sorgt, dass es zu dir geliefert wird. Manchmal sind diese Kosten in den Preisen, die du siehst, bereits enthalten. In anderen Fällen werden sie gesondert als "Bearbeitungsgebühr" oder "Servicegebühr" aufgeführt, besonders wenn du Tickets für Konzerte oder Events kaufst.

Das nächste Mal, wenn du also online einkaufst, weißt du, dass hinter den Zahlen noch viel mehr steckt als nur das Produkt selbst. Es geht um den ganzen Prozess, der sicherstellt, dass dein neues Lieblingsteil sicher und pünktlich bei dir ankommt!

Hauptroute: Warum nicht alle Wege gleich sind

Stell dir vor, du spielst ein Videospiel, indem du von Punkt A nach Punkt B gelangen musst. Es gibt viele verschiedene Wege, die du nehmen könntest, aber es gibt diese eine Strecke, die am schnellsten, sichersten und effizientesten ist. Diese Hauptstrecke wäre in der echten Welt das, was man als "Hauptroute" bezeichnet.

In der Transport- und Logistikbranche ist eine Hauptroute der meistgenutzte und wichtigste Weg, um Waren von einem Ort zum anderen zu befördern. Es ist der Hauptverkehrsweg, sei es auf der Straße, auf der Schiene, im Wasser oder in der Luft.

Warum braucht man solche Hauptrouten? Denk an sie wie an eine Autobahn im Vergleich zu kleinen Landstraßen. Autobahnen sind dafür gemacht, viel Verkehr schnell zu bewältigen. Genauso können Hauptrouten große Mengen von Waren schneller und oft kosteneffizienter transportieren. Außerdem sind diese Routen oft besser gewartet, sicherer und verfügen über die notwendige Infrastruktur wie Tankstellen, Raststätten oder Reparaturwerkstätten, die für den Transport essentiell sind. Wenn du zum Beispiel ein Paket aus einem anderen Land bestellst, dann nimmt dieses Paket wahrscheinlich eine Hauptroute, um in dein Land zu gelangen. Es wird vielleicht mit einem großen Frachtflugzeug zu einem Hauptflughafen geflogen und dann auf einer Hauptstraße zu einem Verteilzentrum transportiert. Von dort aus nimmt es dann kleinere Wege, um letztendlich bei dir zu Hause anzukommen.

Egal ob es um die Lieferung deiner Online-Bestellungen, den Transport von Früchten aus fernen Ländern oder das Verschicken von Maschinen in andere Kontinente geht – Hauptrouten spielen eine zentrale Rolle, damit alles reibungslos und pünktlich ankommt.

Haus-zu-Haus Verkehr: Vom Absender direkt zum Empfänger

Denk mal zurück an das letzte Mal, als du dir etwas online bestellt hast. Vielleicht war es ein cooles neues T-Shirt, ein Buch oder ein Videospiel. Hast du dich jemals gefragt, wie genau dieser Artikel seinen Weg zu dir gefunden hat? Die Antwort ist oft "Haus-zu-Haus Verkehr".

Der Haus-zu-Haus Verkehr, wie der Name schon sagt, bezieht sich auf den Transport von Waren direkt vom Absender (also dem Ort, an dem sie herkommen) zum Empfänger (also zu dir nach Hause). Das Tolle daran ist, dass du nicht mehrere Zwischenstationen oder extra Abholorte aufsuchen musst. Dein Paket kommt direkt zu dir, ohne Umwege! Es klingt einfach, aber hinter den Kulissen ist es eine komplexe Logistikleistung. Überlege nur, was passiert, wenn dein Paket aus einem anderen Land kommt. Es muss zuerst vom Hersteller oder Lager abgeholt, dann zum Flughafen oder Hafen transportiert, in ein Flugzeug oder Schiff geladen, ins Zielland geflogen oder verschifft, durch den Zoll gebracht und schließlich an einen Lieferdienst übergeben werden, der es direkt zu deiner Haustür bringt. All diese Schritte gehören zum Haus-zu-Haus Verkehr. Dieser Service bringt uns natürlich jede Menge Komfort. Stell dir vor, du müsstest für jede Online-Bestellung zum nächstgelegenen Lagerhaus fahren oder gar in ein anderes Land reisen! Stattdessen erledigt der Haus-zu-Haus Verkehr all die "schweren Hebearbeiten" für uns.

Dank moderner Technologie und gut organisierter Logistikunternehmen können wir uns darauf verlassen, dass unsere Pakete sicher und pünktlich ankommen. Und während es manchmal kleine Gebühren für diesen Luxus gibt, ist der Komfort und die Zeitersparnis oft unbezahlbar. Das nächste Mal, wenn du dein Paket entgegennimmst, denk an all die Arbeit, die im Hintergrund stattfand, um es direkt zu dir zu bringen!

LKW-Hebebühne: Wenn Lastwagen eine Extraportion "Muskelkraft" brauchen

Okay, stell dir mal vor, du bestellst ein supercooles, aber echt schweres neues Gaming-Setup, das direkt zu dir nach Hause geliefert wird. Deine Aufregung steigt, der Lieferwagen rollt vor – und dann? Wie kriegt der Fahrer diese mega schwere Kiste aus dem Wagen? Genau da kommt die LKW-Hebebühne ins Spiel!

Eine LKW-Hebebühne ist wie eine kleine magische Plattform am Heck des Lastwagens. Du hast bestimmt schon mal gesehen, wie sich diese Plattformen am hinteren Ende eines LKWs oder Lieferwagens absenken. Der Fahrer rollt dann die schwere Lieferung (wie dein Gaming-Setup) auf die Plattform, betätigt einen Schalter, und – voilà! – die Hebebühne hebt die Lieferung sanft auf den Boden.

Das Ganze funktioniert im Grunde wie ein kleiner Aufzug für schwere Dinge. Anstatt dass der Fahrer sich den Rücken verrenkt, indem er das schwere Zeug alleine herunterhebt, erledigt die LKW-Hebebühne die harte Arbeit. Das spart nicht nur Zeit, sondern ist auch viel sicherer. Stell dir vor, es wäre Winter und rutschig – da ist so eine Hebebühne ein echter Lebensretter!

Außerdem ist das Ganze nicht nur für schwere Gaming-Sets nützlich. Denk an Kühlschränke, Waschmaschinen oder sogar Klaviere – all diese Dinge können mit einer LKW-Hebebühne transportiert werden.

Also, das nächste Mal, wenn du eine Lieferung erwartest und siehst, wie die Ware spielend leicht aus dem Lastwagen "schwebt", denk dran: Das ist die LKW-Hebebühne, der unauffällige Held der Lieferwelt!

Heckbeladung: Wenn der LKW von hinten bepackt wird

Okay, nehmen wir an, du spielst ein Videospiel, bei dem du Items in einen Rucksack packen musst. Du würdest wahrscheinlich von oben anfangen und dich dann nach unten vorarbeiten, oder? Aber was ist, wenn dein Rucksack nur von der Seite oder gar von unten geöffnet werden kann? Es wäre ein bisschen komplizierter, richtig?

Genauso ist es mit Lastwagen und der Art und Weise, wie sie beladen werden. Die "Heckbeladung" bezieht sich spezifisch darauf, wenn ein LKW von hinten, also über die Heckklappe, bepackt wird.

Du fragst dich jetzt vielleicht, warum das überhaupt wichtig ist. Nun, die Heckbeladung bietet einige Vorteile. Stell dir vor, du möchtest schwere Gegenstände, wie Möbel oder große Maschinen, in den LKW laden. Mit einer Hebebühne am Heck des LKWs (wir haben ja gerade darüber gesprochen!) können diese schweren Teile leichter in das Fahrzeug gehoben werden. Es ist also einfacher und sicherer.

Außerdem ist die Heckbeladung besonders praktisch, wenn der LKW in engen Straßen oder an Orten mit begrenztem Platz parkt. Der Fahrer muss nicht seitlich am LKW arbeiten, sondern kann alles direkt von hinten erledigen. Das ist oft der Fall in Städten oder in dicht bebauten Gebieten.

Zum Schluss kann man sagen, dass die Heckbeladung eine ziemlich coole Sache ist, wenn man viel Zeug in einen LKW packen muss, ohne sich zu sehr zu verrenken oder einen ganzen Parkplatz in Beschlag zu nehmen. Es ist quasi wie Tetris, nur in Echt und mit einem großen Fahrzeug!

Hochregallager: Das Hochhaus für Waren

Stell dir vor, du hättest eine riesige LEGO-Sammlung und müsstest eine Möglichkeit finden, sie zu organisieren. Aber anstatt nur flacher Schubladen oder Kisten zu haben, hast du eine Art riesiges Bücherregal, das bis zur Decke reicht. Du bräuchtest eine kleine Leiter oder gar eine Hebevorrichtung, um an die obersten Fächer zu gelangen, oder?

Jetzt stell dir vor, dieses Riesenregal wäre so groß wie ein Hochhaus und anstelle von LEGO stecken da drin riesige Kisten, Paletten oder Waren. Das, was du dir gerade vorstellst, nennt sich Hochregallager!

Ein Hochregallager ist ein besonders hohes Lagerhaus, in dem Waren in enormen Regalen gelagert werden. Diese Lagerhäuser können so hoch sein wie mehrstöckige Gebäude! Wegen der Höhe und der enormen Mengen an Waren, die gelagert werden, können Menschen nicht einfach so hineingehen und Dinge von Hand herausnehmen. Stattdessen werden spezielle Maschinen, sogenannte Regalbediengeräte, verwendet. Diese fahren, ähnlich wie Aufzüge, auf und ab, um die Waren zu erreichen und sie automatisch herauszunehmen oder einzulagern.

Warum das alles? Nun, der Hauptvorteil ist, dass man eine Menge Sachen auf einem sehr kleinen Grundstück lagern kann. Es ist eine super effiziente Art, den Platz zu nutzen, besonders in Gebieten, wo Grund und Boden teuer ist. Und in der heutigen Zeit, wo alles schnell gehen muss, hilft ein automatisiertes Hochregallager dabei, Bestellungen in Rekordzeit abzuwickeln. Kurz gesagt, ein Hochregallager ist wie ein gigantisches, automatisiertes Bücherregal für alles Mögliche – nur dass hier kein Buch aus dem Regal fällt, wenn man es mal eilig hat!

Hub: Das Herzstück moderner Logistik

Stell dir vor, du bist in einer riesigen Stadt und alle Wege führen zu einem zentralen Platz, an dem sich Menschen treffen, Dinge austauschen und von dort aus in verschiedene Richtungen weiterziehen. Dieser zentrale Platz ist in der Welt der Logistik und des Transports als "Hub" bekannt.

Ein Hub ist ein Hauptzentrum oder ein Knotenpunkt, wo Waren, Informationen oder Menschen zusammenkommen, um dann weiterverteilt zu werden. Du kannst es dir wie den Hauptbahnhof deiner Stadt vorstellen, wo viele Züge aus verschiedenen Richtungen ankommen und wieder abfahren. Oder denk an einen großen Flughafen: Flugzeuge aus aller Welt landen, Passagiere und Fracht werden umgeladen und dann geht es weiter zu verschiedenen Zielen. In der Logistik sind Hubs unglaublich wichtig. Sie helfen dabei, den Transport von Waren effizienter zu gestalten. Anstatt jedes Paket einzeln von Punkt A nach Punkt B zu senden, werden viele Pakete zu einem zentralen Hub geschickt. Dort werden sie sortiert und in die richtige Richtung weitergeschickt. Das spart Zeit und Ressourcen. Wenn du z.B. ein Paket von Berlin nach Hamburg verschickst und dein Freund sendet ein Paket von München nach Hamburg, könnten beide Pakete in einem zentralen Hub in Hannover landen, sortiert werden und dann gemeinsam nach Hamburg weitertransportiert werden.

Der Vorteil? Unternehmen können größere Mengen zusammen transportieren, was oft kostengünstiger und umweltfreundlicher ist. Für uns als Verbraucher bedeutet das in der Regel schnellere Lieferzeiten und geringere Versandkosten.

Also, jedes Mal, wenn du ein Paket erhältst oder abschickst, erinnere dich daran, dass es wahrscheinlich durch einen Hub gereist ist, der als pulsierendes Herz der Logistikbranche dafür sorgt, dass alles reibungslos abläuft!

Hub Spoke System: Wie ein Stern, der Sachen sortiert

Okay, stell dir vor, du und deine Freunde wollt euch gegenseitig Briefe schicken. Anstatt dass jeder jedem einen Brief direkt zusendet, was ziemlich chaotisch und ineffizient wäre, sendet ihr alle eure Briefe zu einem zentralen Freund – nennen wir ihn Max. Max sammelt alle Briefe, sortiert sie und verteilt sie dann geordnet weiter. Das spart Zeit, Kraftstoff für den Transport und reduziert das allgemeine Durcheinander.

Genau dieses Prinzip nennt man im Logistikbereich das "Hub Spoke System". Das Wort "Hub" bedeutet so viel wie Drehkreuz oder Zentrum und "Spoke" sind die Speichen, die von einem Radnabenzentrum aus gehen, ähnlich wie die Linien eines Sterns.

In der Transport- und Logistikbranche wird dieses System häufig genutzt, insbesondere im Luftverkehr. Ein gutes Beispiel ist ein großer Flughafen, an dem viele Flüge ankommen und von dem sie wieder abfliegen. Der Flughafen dient als "Hub" oder Zentrum, und die kleineren Flughäfen oder Städte, zu denen die Flüge gehen, sind die "Spokes" oder Speichen.

Warum machen die das so? Nun, indem alle Waren (oder Passagiere) zuerst zu einem zentralen Punkt gebracht werden, können Unternehmen sicherstellen, dass alles effizient sortiert und dann direkt zum gewünschten Zielort geliefert wird. Das spart nicht nur Zeit und Geld, sondern auch Ressourcen wie Kraftstoff.

Das nächste Mal, wenn du also in einem großen Flughafen landest und dann zu einem kleineren weiterfliegst, denk daran: Du bist gerade Teil eines gigantischen, gut geölten Sternsystems, das dafür sorgt, dass alles reibungslos läuft!

Hubwagen: Der coole "Flitzer" im Lager

Du kennst doch bestimmt diese Einkaufswagen im Supermarkt? Jetzt stell dir vor, statt Lebensmitteln steckst du schwere Kisten, Pakete oder Paletten voller Ware hinein. Klingt ziemlich unpraktisch, oder? Zum Glück gibt es dafür spezielle "Flitzer" namens Hubwagen!

Ein Hubwagen ist im Grunde ein einfaches, aber mega praktisches Gerät, das in Lagern, Werkstätten oder großen Geschäften verwendet wird. Er hat zwei lange Gabeln an der Vorderseite, die unter eine Palette geschoben werden können. Mit einem Hebel kannst du die Palette dann anheben und einfach von A nach B rollen, ohne dich zu überanstrengen.

Du fragst dich vielleicht: "Warum nicht einfach einen Gabelstapler benutzen?" Gute Frage! Während Gabelstapler super für schwere Lasten oder große Höhen sind, sind sie oft zu groß und zu teuer für kleinere Aufgaben. Hier kommt der Hubwagen ins Spiel: Er ist kompakt, wendig und perfekt für kurze Distanzen.

Das Coole am Hubwagen ist, dass er keine Motoren oder komplizierte Mechanik benötigt. Die meiste Arbeit erledigt die Schwerkraft. Wenn du die Palette anheben willst, pumpst du einfach ein paar Mal am Hebel. Willst du sie wieder absetzen? Einfach den Hebel in die andere Richtung bewegen.

Also, wenn du das nächste Mal in einem Lager oder Baumarkt bist und einen Mitarbeiter flink mit einem Hubwagen durch die Gänge sausen siehst, weißt du jetzt: Das ist der unschlagbare Champion für kurze Strecken und schnelle Moves!

Huckepack-Transport: Wenn der LKW auf den Zug hüpft

Stell dir vor, du spielst "Huckepack" mit deinem Freund. Dabei springt einer auf den Rücken des anderen und lässt sich herumtragen. In der Welt des Transports gibt es ein ähnliches Konzept, nur sind es keine Menschen, die herumgetragen werden, sondern Lastwagen!

"Huckepack-Transport" ist ein lustiger Name für eine ziemlich clevere Methode, um Güter zu transportieren. Anstatt dass ein LKW die gesamte Strecke auf der Straße fährt, wird er auf einen Zug geladen und über die Schienen transportiert. Das klingt vielleicht erstmal komisch, hat aber viele Vorteile.

Umweltfreundlich: Züge sind im Vergleich zu LKWs viel umweltfreundlicher. Sie verursachen weniger CO2-Emissionen und verbrauchen weniger Energie.

Schneller: Auf den Schienen gibt es keinen Stau! Außerdem können Züge große Mengen auf einmal transportieren, wodurch weniger Fahrzeuge unterwegs sind.

Kosteneffizient: Oft ist es günstiger, Güter mit dem Zug statt mit dem LKW über lange Strecken zu transportieren.

Nachdem der Zug seine Reise beendet hat, wird der LKW wieder abgeladen und fährt die letzte Strecke zum Zielort. Das ist besonders praktisch, weil Züge ja nicht überall hinfahren können und man für die "letzte Meile" oft einen LKW braucht.

Kurz gesagt: Beim Huckepack-Transport arbeiten LKW und Zug Hand in Hand. Der LKW bringt die Flexibilität, der Zug die Effizienz. Und zusammen sorgen sie dafür, dass unsere Waren schneller, sicherer und umweltfreundlicher ans Ziel kommen. Ein echtes Dreamteam, oder?

Import: Warum dein Lieblingssnack aus Übersee stammt

Kennst du das Gefühl, wenn du in den Supermarkt gehst und plötzlich diese coolen Snacks aus Japan oder die leckere Schokolade aus Belgien siehst? Oder wenn du in einem Online-Shop dieses besondere T-Shirt bestellen möchtest, das nur in den USA hergestellt wird? Das alles ist möglich, weil es so etwas wie den "Import" gibt.

Import bezeichnet den Vorgang, Waren oder Dienstleistungen aus einem anderen Land zu kaufen und sie ins eigene Land zu bringen. Das bedeutet, dass Deutschland beispielsweise Autos nach China verkauft (das ist dann ein Export für uns) und gleichzeitig Smartphones aus Südkorea kauft (das ist ein Import).

Aber warum importieren wir überhaupt? Nun, kein Land kann wirklich alles produzieren, was es braucht oder was seine Einwohner möchten. Einige Regionen haben besondere Ressourcen, Technologien oder Fachwissen, die andere nicht haben. Oder es ist einfach günstiger, bestimmte Produkte woanders zu produzieren.

Ein weiterer Grund für den Import kann die Qualität sein. Nehmen wir den italienischen Parmesan oder den französischen Wein – sie haben einen weltweiten Ruf für ihre Qualität und ihren Geschmack, und viele Menschen in Deutschland möchten diese Produkte genießen. Aber es ist nicht immer alles rosig. Importe können auch lokale Unternehmen beeinträchtigen, wenn sie nicht mit den günstigeren Preisen oder der höheren Qualität ausländischer Produkte konkurrieren können. Deshalb gibt es oft Zölle oder Steuern auf importierte Waren, um die einheimische Industrie zu schützen.

Letztendlich ermöglicht der Import jedoch Vielfalt und Zugang zu Produkten aus der ganzen Welt. Ohne ihn wäre unser Alltag definitiv weniger bunt und abwechslungsreich. Beim nächsten Biss in deinen Lieblingssnack oder beim Tragen dieses besonderen T-Shirts, denk mal daran, wie es den Weg zu dir gefunden hat – dank des Imports!

Incoterms: Die geheime Sprache des Welthandels

Stell dir vor, du willst dir ein Skateboard aus den USA bestellen. Du bist aufgeregt und klickst auf "Bestellen". Aber dann fragst du dich: Wer zahlt für den Versand? Und was passiert, wenn das Skateboard auf dem Weg zu dir beschädigt wird oder verloren geht? Hier kommen die Incoterms ins Spiel!

Incoterms, was eigentlich für "International Commercial Terms" steht, sind eine Art Code oder Abkürzung, die in der internationalen Handelswelt verwendet wird. Sie sind wie die Regeln eines Spiels, das sicherstellt, dass beide Seiten (Käufer und Verkäufer) genau wissen, wer für was verantwortlich ist, wenn Waren von einem Ort zum anderen verschickt werden. Es gibt verschiedene Incoterms, und jeder hat eine spezielle Bedeutung. Zum Beispiel bedeutet "EXW" (Ex Works), dass der Verkäufer nur dafür verantwortlich ist, die Ware in seiner Fabrik oder seinem Lager bereitzustellen. Ab da ist es Aufgabe des Käufers, sich um alles zu kümmern, vom Transport bis zu den Zöllen.

Ein anderer häufig verwendeter Incoterm ist "CIF" (Cost, Insurance, and Freight). Das bedeutet, dass der Verkäufer die Kosten für die Verschiffung der Ware und die Versicherung trägt, falls etwas schief geht. Sobald die Ware im Bestimmungshafen ankommt, übernimmt der Käufer die Verantwortung. Warum sind diese Incoterms so wichtig? Stell dir vor, es gäbe diese Regeln nicht. Jedes Mal, wenn Menschen aus verschiedenen Ländern Geschäfte machen, könnten sie sich streiten oder unsicher sein, wer für was zuständig ist. Mit Incoterms haben alle Beteiligten eine klare Vorstellung davon, wer was macht und wer im Falle von Problemen verantwortlich ist. Das nächste Mal, wenn du also etwas aus einem anderen Land bestellst oder über internationale Geschäfte hörst, denke daran, dass hinter den Kulissen diese Incoterms mitspielen und dafür sorgen, dass alles reibungslos abläuft.

Inkasso: Wenn das Geld eingesammelt wird

Du kennst sicherlich das Gefühl, wenn jemand dir Geld schuldet, weil du ihm beispielsweise ein Kinoticket vorgestreckt hast oder er dir etwas abgekauft hat. Wenn dieser Jemand dann ständig vergisst, dir das Geld zurückzugeben, wird es ziemlich nervig, oder? In der Geschäftswelt gibt es ein ähnliches Problem, nur mit viel größeren Summen und komplexeren Situationen. Hier kommt das Inkasso ins Spiel.Das Wort "Inkasso" klingt vielleicht erstmal wie ein exotisches Gericht aus einem Restaurant, ist aber eigentlich eine Methode, um offene Forderungen einzutreiben. Das bedeutet, wenn ein Unternehmen einem anderen Geld schuldet und nicht zahlt, kann ein Inkassounternehmen beauftragt werden, um das Geld zurückzuholen.

Ein Inkassounternehmen ist sozusagen wie ein strenger Lehrer, der dafür sorgt, dass die Schulden beglichen werden. Sie schreiben Mahnungen, rufen an und setzen alle legalen Mittel ein, um sicherzustellen, dass das geschuldete Geld bezahlt wird. Das mag sich ein bisschen hart anhören, aber es gibt klare Regeln, wie Inkassounternehmen arbeiten dürfen. Sie können zum Beispiel nicht einfach bei jemandem vor der Tür auftauchen und Geld verlangen. Und sie müssen immer fair und respektvoll sein.

Wenn du also mal von einem Inkassounternehmen hörst oder selbst damit zu tun hast, weißt du jetzt, was dahintersteckt. Es geht darum, sicherzustellen, dass jeder das bekommt, was ihm zusteht, genauso wie wenn du sicherstellen möchtest, dass dir dein Freund das geliehene Geld für das Kinoticket zurückgibt!

Intermodalverkehr: Ein Puzzle für den Transport

Kennst du diese Tage, an denen du mit dem Fahrrad zur Schule fährst, dann in den Bus springst und später noch ein Stück mit der U-Bahn fährst? Das ist so ähnlich wie der Intermodalverkehr, nur für Waren und Güter.

Stell dir vor, du hast einen riesigen Container voller coolem Zeug, sagen wir mal, brandneue Smartphones. Und du musst diese von China nach Deutschland bringen. Du könntest sie einfach auf ein Schiff setzen und warten, aber das wäre nicht das Schnellste oder Effizienteste. Hier kommt der Intermodalverkehr ins Spiel. Beim Intermodalverkehr werden verschiedene Verkehrsmittel, wie Schiffe, Züge und LKWs, kombiniert, um Waren von A nach B zu transportieren. Das Coole daran ist, dass du nicht alles auspacken und neu verpacken musst, wenn du zwischen den Transportmitteln wechselst. Meistens wird der Container einfach von einem Schiff auf einen Zug und dann vielleicht auf einen LKW verladen. Jedes Verkehrsmittel hat seine eigene Stärke. Schiffe sind toll für lange Strecken über Ozeane, Züge sind effizient über Land, und LKWs können direkt zu spezifischen Orten fahren. Warum macht man das? Es ist oft schneller, billiger und umweltfreundlicher. Anstatt, dass ein LKW Tausende von Kilometern fährt und viel Benzin verbraucht, kann ein Zug eine große Menge von Gütern auf einmal über weite Strecken transportieren.

Das Beste am Intermodalverkehr ist, dass er flexibel ist. Wenn es zum Beispiel Probleme auf der Bahnstrecke gibt, kann man die Container einfach auf LKWs verladen und sie so an ihr Ziel bringen. Also, das nächste Mal, wenn du ein Paket aus einem weit entfernten Land bekommst, denke daran, dass es vielleicht eine spannende Reise mit mehreren verschiedenen Verkehrsmitteln hinter sich hat. Und das alles dank des cleveren Systems des Intermodalverkehrs!

Intralogistik: Das unsichtbare Orchester eines Lagers

Kennst du das Gefühl, wenn du in deinem Zimmer nach einem bestimmten Buch oder Spiel suchst und es einfach nicht finden kannst? Wenn Läden, Lagerhäuser oder Fabriken das gleiche Problem hätten, wäre das Chaos vorprogrammiert. Hier kommt die Intralogistik ins Spiel, um alles zu organisieren.

Die Intralogistik ist wie das unsichtbare Orchester in einem Lager oder einer Fabrik. Sie sorgt dafür, dass alles am richtigen Platz ist, sich reibungslos bewegt und genau dann verfügbar ist, wenn es gebraucht wird. Dabei geht es nicht nur um riesige Regale mit Produkten. Es umfasst auch die Technologie und die Systeme, die diese Waren automatisch sortieren, verpacken oder sogar transportieren können. Stell dir vor, kleine Roboter, die Pakete von einem Regal zum anderen bringen, oder automatisierte Bänder, die Produkte genau dort hinleiten, wo sie verpackt werden sollen.

Ein cooles Beispiel ist der Online-Shop, bei dem du vielleicht manchmal bestellst. Wenn du etwas kaufst, startet im Lager ein Prozess, bei dem das Produkt aus einem Regal geholt, überprüft, verpackt und schließlich für den Versand vorbereitet wird. Das klingt einfach, aber wenn Tausende von Bestellungen gleichzeitig eingehen, braucht es ein ausgeklügeltes System, um sicherzustellen, dass jeder das richtige Produkt bekommt und es pünktlich ankommt. Das Tolle an der Intralogistik ist, dass sie sich ständig weiterentwickelt. Mit neuen Technologien, wie Drohnen, künstlicher Intelligenz und Robotik, wird die Art und Weise, wie wir Dinge lagern und bewegen, immer effizienter und genauer.

Also, wenn du das nächste Mal ein Paket öffnest, erinnere dich daran, dass im Hintergrund ein ganzes "Orchester" von Technologien und Systemen gearbeitet hat, um es pünktlich und in einwandfreiem Zustand zu dir zu bringen.

Just in Sequence (JIS): Puzzleteile im perfekten Timing

Du kennst sicherlich den Moment, wenn du mit deinen Freunden online zockst und jeder genau weiß, welchen Move er als Nächstes machen muss, damit ihr das Spiel gewinnt. Jeder Schritt ist perfekt getimed und alles fügt sich nahtlos zusammen. Dieses Prinzip – wo alles genau im richtigen Moment am richtigen Ort ist – wird in der Industrie "Just in Sequence" oder kurz JIS genannt.

Stell dir vor, du baust ein Auto. Es gibt Tausende von Teilen, die alle zu unterschiedlichen Zeiten und in einer bestimmten Reihenfolge benötigt werden. Es wäre total chaotisch, wenn das Lenkrad geliefert wird, bevor überhaupt die Räder montiert sind, oder? Bei JIS geht es genau darum, sicherzustellen, dass die Teile nicht nur "rechtzeitig" (das wäre Just in Time oder JIT), sondern auch in der exakten Reihenfolge geliefert werden, in der sie benötigt werden.

Ein einfaches Beispiel: Wenn in einem Autowerk zehn Autos in verschiedenen Farben hergestellt werden sollen, und das erste Auto rot ist und das zweite blau, dann sorgt JIS dafür, dass die rote Farbe genau dann ankommt, wenn das erste Auto lackiert wird, gefolgt von der blauen Farbe für das zweite Auto.

Das klingt vielleicht einfach, ist aber eine echte logistische Meisterleistung. Mit JIS können Unternehmen nicht nur Zeit und Geld sparen, sondern auch sicherstellen, dass keine Fehler passieren, wie das falsche Teil am falschen Ort. Das nächste Mal, wenn du in einem Auto sitzt, denk daran, wie viele Teile in genau der richtigen Reihenfolge zusammengekommen sind, um dieses Fahrzeug zu bauen – dank JIS!

Just-in-Time (JIT): Warum Perfektes Timing alles ist

Stell dir vor, du organisierst eine Party und bestellst Pizza für alle Gäste. Wäre es nicht super, wenn die Pizza genau dann ankommt, wenn alle hungrig sind und nicht Stunden davor oder zu spät? Das Konzept von Just-in-Time (JIT) funktioniert genauso, nur dass es nicht um Pizza geht, sondern um die Produktion und Lieferung von Waren.

JIT ist ein Produktions- und Lieferansatz, bei dem Waren genau dann produziert oder geliefert werden, wenn sie benötigt werden - nicht früher und nicht später. Klingt simpel, oder? Aber es ist ziemlich revolutionär, vor allem, wenn man bedenkt, wie traditionelle Lagerhäuser funktionieren. Früher haben Unternehmen einfach große Mengen an Produkten hergestellt und diese gelagert, bis sie verkauft wurden. Aber das Lager kostet Geld, und manchmal ändern sich Trends, und plötzlich will niemand mehr das Produkt, das du in großen Mengen produziert hast. Mit JIT ändert sich das Spiel. Unternehmen produzieren und liefern genau das, was gebraucht wird, wann es gebraucht wird. Das reduziert Lagerkosten und minimiert das Risiko, dass Produkte veraltet oder unerwünscht werden.

Aber JIT ist nicht immer einfach umzusetzen. Es erfordert eine super genaue Planung, gute Kommunikation mit Lieferanten und oft auch moderne Technologie, um sicherzustellen, dass alles reibungslos abläuft. Ein kleiner Fehler in der Kette, und plötzlich fehlen Teile in der Produktion oder Bestellungen können nicht erfüllt werden.

Dennoch, wenn es richtig gemacht wird, ist JIT wie eine perfekt getimte Playlist für eine Party - alles fließt, alles passt zusammen, und es gibt keinen unnötigen Ballast. Und das ist in der Geschäftswelt (wie bei der Pizza auf deiner Party) ein ziemlich großer Deal!

Kabotage: Warum ausländische Lkw plötzlich in deiner Stadt auftauchen könnten

Hast du jemals einen Lkw aus einem anderen Land auf den Straßen deiner Stadt gesehen und dich gefragt, was er hier macht? Neben dem regulären internationalen Transport gibt es eine besondere Regelung namens "Kabotage", die dies erklären könnte.

Kabotage bezeichnet den Transport von Gütern oder Passagieren innerhalb eines Landes durch ein Unternehmen aus einem anderen Land. Stell dir vor, ein spanischer Lkw fährt eine Lieferung nach Deutschland und statt leer zurückzufahren, nimmt er in Deutschland einen weiteren Auftrag an, um Waren von Hamburg nach Berlin zu transportieren. Dies ist ein Beispiel für Kabotage. Dieses Konzept entstand ursprünglich aus dem Seeverkehr, aber heute betrifft es auch den Straßen- und Luftverkehr. Die Idee dahinter ist, den Transport effizienter zu gestalten und leere Fahrten zu vermeiden. Warum sollte ein Lkw leer zurückfahren, wenn er stattdessen noch eine Ladung aufnehmen und Geld verdienen könnte? Allerdings gibt es Regeln, wie oft und unter welchen Bedingungen ausländische Unternehmen Kabotage betreiben dürfen. In der EU zum Beispiel gibt es bestimmte Regelungen, die den Kabotageverkehr steuern, um einen fairen Wettbewerb zwischen den Mitgliedsstaaten zu gewährleisten.

Es gibt natürlich Vor- und Nachteile bei der Kabotage. Einerseits kann sie den Transport effizienter und umweltfreundlicher gestalten, da weniger leere Fahrten bedeuten, dass weniger CO_2 ausgestoßen wird. Andererseits befürchten einige, dass sie den Wettbewerb für lokale Unternehmen erhöhen könnte.

Das nächste Mal, wenn du also einen ausländischen Lkw in deiner Stadt siehst, könnte er nicht nur Waren aus seinem Heimatland bringen, sondern auch ein Teil des Kabotageverkehrs sein!

Kaufmann/-frau für Spedition und Logistikdienstleistung: Manager der globalen Wege

Stell dir vor, du planst eine epische Rundreise mit deinen Freunden. Ihr wollt durch mehrere Länder reisen, verschiedene Verkehrsmittel nutzen und alles soll reibungslos klappen. Dabei musst du Flüge buchen, Zugverbindungen checken, Mietwagen organisieren und sicherstellen, dass ihr rechtzeitig überall ankommt. Dieses Planen, Organisieren und Überwachen ist im Grunde das, was ein Kaufmann oder eine Kauffrau für Spedition und Logistikdienstleistung macht – nur eben in einem viel größeren Maßstab!

Anstatt für eine Gruppe von Freunden zu planen, sorgen sie dafür, dass Waren – von Sneakers über Smartphones bis hin zu riesigen Maschinen – sicher und pünktlich von einem Ort zum anderen transportiert werden, und das oft rund um den Globus. Ob per Schiff, Flugzeug, LKW oder Zug, diese Kaufleute wissen, welcher Transportweg der effizienteste und kostengünstigste ist.

Doch das ist nicht alles. Sie beraten Kunden, organisieren die Lagerung der Güter, kalkulieren Preise, erledigen den Papierkram für den Zoll und überwachen den gesamten Transportprozess, damit alles glatt läuft. Sie sind im Grunde die "Reiseleiter" für Waren und stellen sicher, dass alles seinen Weg findet.

Wenn du also Organisationstalent hast, gerne den Überblick behältst und dich für die weite Welt der Logistik interessierst, könnte dies genau der richtige Beruf für dich sein. Es ist eine spannende Mischung aus Planung, Kommunikation und einem ständigen Blick auf die Weltkarte. Wer weiß, vielleicht sorgst du eines Tages dafür, dass die coole Kleidung aus Übersee oder das neueste Gadget pünktlich in den Läden oder direkt vor deiner Haustür ankommt!

KEP-Dienste: Die Helden der schnellen Lieferungen

Wenn du online etwas bestellst und es am nächsten Tag oder sogar am selben Tag bei dir ankommt, wer steckt dahinter? Das sind die KEP-Dienste! KEP steht für "Kurier-, Express- und Paketdienste". Diese Dienste sind darauf spezialisiert, deine Bestellungen so schnell wie möglich zu dir zu bringen.

Stell dir vor, du kaufst ein Geburtstagsgeschenk online und merkst plötzlich, dass die Party schon morgen ist. Panik! Doch dann siehst du die Option "Expresslieferung". Dank der KEP-Dienste kann das Paket oft innerhalb von 24 Stunden, manchmal sogar schneller, bei dir sein.

Es gibt einen Unterschied zwischen den drei Diensten:

1. Kurierdienste: Diese sind meistens superschnell und liefern direkt von Tür zu Tür. Wenn du zum Beispiel wichtige Dokumente hast, die innerhalb weniger Stunden an einem bestimmten Ort sein müssen, wäre ein Kurierdienst die beste Wahl.

2. Expressdienste: Wie der Name schon sagt, geht es hier um Geschwindigkeit. Diese Dienste garantieren oft eine Lieferung am nächsten Tag oder sogar am selben Tag.

3. Paketdienste: Das sind die üblichen Dienste, die wir alle kennen, wenn wir online bestellen. Sie sind nicht so schnell wie die Expressdienste, aber immer noch ziemlich flott.

Dank der KEP-Dienste können wir in der heutigen Zeit der Online-Shopping-Explosion sicher sein, dass unsere Pakete sicher und schnell ankommen. Sie sind die unsichtbaren Helden, die im Hintergrund arbeiten und dafür sorgen, dass unser Alltag reibungslos verläuft. Ob es nun das neue Videospiel ist, das du kaum erwarten kannst zu spielen, oder das wichtige Dokument, das du für die Schule brauchst - die KEP-Dienste haben dich abgedeckt!

Koffer-Aufbau: Der sichere Transporter für Speziallieferungen

Stell dir vor, du spielst ein Computerspiel, bei dem du besondere Gegenstände sammeln und sicher von einem Ort zum anderen bringen musst. Du würdest diese Gegenstände sicher nicht einfach in einen offenen Korb legen, oder? Stattdessen würdest du einen sicheren Behälter wählen, der deine wertvollen Items vor Schäden, Diebstahl oder dem Wetter schützt. Genauso funktioniert ein Koffer-Aufbau im echten Leben, nur eben in viel größer!

Ein Koffer-Aufbau ist im Grunde ein speziell entwickelter Container, der auf einen LKW montiert wird. Er sieht aus wie ein großer Kasten und ist in der Regel aus stabilem Material, oft aus Aluminium oder Stahl, gefertigt. Der Vorteil? Der Inhalt ist vor äußeren Einflüssen sicher geschützt.

Das ist besonders nützlich, wenn empfindliche oder wertvolle Ware transportiert werden muss. Denk an empfindliche Elektronik, medizinische Ausrüstung oder hochwertige Möbel. Ein Koffer-Aufbau kann auch speziell ausgestattet werden, zum Beispiel mit Kühlung für den Transport von Lebensmitteln oder mit speziellen Regalen und Halterungen.

Also, das nächste Mal, wenn du einen LKW siehst, der aussieht wie ein riesiger Koffer auf Rädern, weißt du, dass er möglicherweise etwas sehr Wichtiges oder Spezielles transportiert. Es ist so, als würde man für wertvolle Gegenstände im Spiel eine besondere Schatzkiste haben – nur eben im realen Leben für echte Waren!

Kolli: Nicht nur ein witziges Wort, sondern auch wichtig in der Logistik!

Okay, stell dir vor, du organisierst eine riesige Geburtstagsparty und hast mehrere Pakete mit Deko, Snacks und Getränken bestellt. Jedes dieser Pakete ist ein sogenanntes "Kolli". Einfach ausgedrückt, bezeichnet "Kolli" ein einzelnes Packstück einer Lieferung, sei es ein Karton, ein Sack oder ein Bündel.

In der Transport- und Logistikbranche ist der Begriff "Kolli" ziemlich wichtig. Wenn ein Unternehmen beispielsweise 100 Smartphones in 100 einzelnen Kartons an einen Laden verschickt, dann wären das 100 Kolli. Das klingt vielleicht simpel, aber es hilft den Unternehmen enorm bei der Organisation. Durch das genaue Zählen und Verfolgen jedes Kolli können Fehler vermieden, der Lieferprozess optimiert und die Kundenzufriedenheit sichergestellt werden.

Ein weiteres cooles Detail: Oft haben diese Kolli individuelle Nummern oder Barcodes, sodass sie leicht gescannt und verfolgt werden können. Das ist ähnlich wie beim Spielen eines Videospiels, bei dem du jedes einzelne Item in deinem Inventar im Blick behalten möchtest.

Also, obwohl "Kolli" ein bisschen nach einem Wort aus einem Kinderbuch klingt, spielt es eine ziemlich coole und wichtige Rolle in der großen Welt des Transports und der Lieferungen!

Kombinierter Verkehr: Wenn Verkehrsmittel Hand in Hand arbeiten

Stell dir mal vor, du spielst ein Strategiespiel, bei dem du verschiedene Charaktere oder Einheiten hast. Jeder von ihnen hat seine eigenen Fähigkeiten und Stärken. Einige können vielleicht schneller laufen, andere können höher springen, und wieder andere können schwere Gegenstände tragen. Um das Level erfolgreich abzuschließen, lässt du diese Charaktere zusammenarbeiten, sodass sie ihre Fähigkeiten kombinieren und so effizienter werden.

Genau dieses Prinzip steckt hinter dem "Kombinierten Verkehr" in der Logistik. Hierbei werden verschiedene Verkehrsmittel – wie Lkw, Schiffe und Züge – kombiniert, um Güter von A nach B zu transportieren. Das Ziel? Den schnellsten, kostengünstigsten und umweltfreundlichsten Weg für die Lieferung zu finden!

Zum Beispiel könnte ein Container mit Produkten in China auf ein Schiff verladen, über das Meer nach Deutschland verschifft, dort auf einen Zug gesetzt und bis zu einem Binnenhafen transportiert und schließlich mit einem Lkw zum endgültigen Bestimmungsort gebracht werden.

Das Coole daran ist, dass der Container nicht jedes Mal ausgepackt werden muss, wenn er das Verkehrsmittel wechselt. Es gibt spezielle Einrichtungen und Techniken, die diesen Wechsel reibungslos gestalten.

Also, im Grunde ist der kombinierte Verkehr wie ein gut durchdachter Spielzug in einem Strategiespiel: Durch kluge Kombination von Ressourcen und Fähigkeiten wird das Ziel auf die effizienteste Weise erreicht!

Kommissionierung: Das Herzstück des Online-Shoppings

Kennst du das Gefühl, wenn du voller Vorfreude eine Online-Bestellung aufgibst und dann gespannt auf dein Paket wartest? Hinter den Kulissen spielt sich in diesem Moment eine beeindruckende Logistik ab, und ein entscheidender Schritt dabei ist die "Kommissionierung".

Stell dir ein riesiges Lager vor, das aussieht wie ein gigantischer Supermarkt, nur ohne Kunden und Kassen. Stattdessen gibt es Regale über Regale voller Produkte. Und hier kommt die Kommissionierung ins Spiel: Es ist der Prozess, bei dem die Produkte, die du bestellt hast, aus diesen Regalen "gepickt" und für den Versand vorbereitet werden.

Es gibt verschiedene Arten, wie die Kommissionierung ablaufen kann:

- Manuelle Kommissionierung: Hierbei gehen Mitarbeiter mit einer Liste oder einem elektronischen Gerät durch das Lager und sammeln die Produkte ein. Es ist wie Einkaufen, nur dass sie die Waren für dich in den "Einkaufswagen" legen.

- Automatische Kommissionierung: Bei dieser Methode übernehmen Roboter oder Maschinen den Job. Sie wissen genau, wo welches Produkt liegt und holen es blitzschnell.

- Pick-by-Light und Pick-by-Voice: Das sind moderne Technologien, bei denen Lichter oder Sprachanweisungen den Mitarbeitern zeigen, welches Produkt sie als nächstes nehmen müssen. Es ist ein bisschen wie ein Videospiel, nur in echt!

Der Kommissionierungsprozess endet normalerweise damit, dass alle ausgewählten Produkte in einen Karton gelegt, verpackt und mit einem Versandetikett versehen werden. Dann ist das Paket bereit, zu dir geschickt zu werden!

Also, das nächste Mal, wenn du auf dein ersehntes Paket wartest, denk daran, wie viel Aufwand und Technik im Hintergrund steckt, nur um sicherzustellen, dass du genau das bekommst, was du bestellt hast. Es ist wirklich beeindruckend, oder?

Konformitätsbescheinigung: Der "Alles-in-Ordnung"-Stempel für Produkte

Kennst du das Gefühl, wenn du eine neue App auf deinem Handy installieren möchtest und bevor du sie öffnest, erscheint ein kleines Pop-up-Fenster, das dir sagt: "Diese App hat die Sicherheitschecks bestanden"? Das gibt dir ein sicheres Gefühl, nicht wahr?

Ähnlich funktioniert eine Konformitätsbescheinigung, aber für physische Produkte und nicht für Apps. Es handelt sich um ein Dokument, das bestätigt, dass ein Produkt bestimmte Standards oder Anforderungen erfüllt. Es ist sozusagen ein "Alles-in-Ordnung"-Stempel von einer offiziellen Stelle oder einem Unternehmen, das sagt: "Ja, dieses Produkt hat alle unsere Tests bestanden und du kannst es sicher verwenden."

Wenn zum Beispiel ein Unternehmen einen neuen Toaster herstellt, muss dieser Toaster bestimmte Sicherheitsstandards erfüllen (damit er nicht in Flammen aufgeht, wenn du ihn benutzt!). Sobald der Toaster diese Tests bestanden hat, erhält das Unternehmen eine Konformitätsbescheinigung, die es oft auf der Verpackung oder in den Produktinformationen angibt. Diese Bescheinigungen sind nicht nur für die Sicherheit wichtig, sondern auch für den Handel. Stell dir vor, du möchtest diesen Toaster in einem anderen Land verkaufen. Die Behörden dort wollen sicherstellen, dass er auch ihren Standards entspricht. Die Konformitätsbescheinigung zeigt dann: "Keine Sorge, alles ist geprüft und sicher."

Also, jedes Mal, wenn du ein Produkt siehst, das eine solche Bescheinigung hat, kannst du dir sicher sein, dass es bestimmte Standards erfüllt und sicher zur Verwendung ist. Es ist, als hätte das Produkt seinen eigenen kleinen Sicherheitsschirm!

Konnossement: Der Pass deines Pakets auf hoher See

Stell dir vor, du möchtest eine teure Kamera an einen Freund in einem anderen Land versenden, und das Ganze soll per Schiff passieren. Wie kannst du sicher sein, dass die Kamera sicher ankommt? Und wie kann dein Freund beweisen, dass er der rechtmäßige Empfänger ist? Hier kommt das "Konnossement" ins Spiel, das auch als Seefrachtbrief bezeichnet wird. Das Konnossement ist im Grunde ein offizielles Dokument, das zwischen dem Verkäufer (das könntest z.B. du sein) und der Reederei ausgestellt wird. Es erfüllt drei Hauptfunktionen:

- Quittung: Es bestätigt, dass die Ware (in diesem Fall die Kamera) an Bord des Schiffes ist und in einem guten Zustand übernommen wurde.

- Besitznachweis: Es zeigt, wer der rechtmäßige Besitzer der Ware ist. Nur wer dieses Dokument besitzt, kann die Ware am Zielort auch in Empfang nehmen.

- Vertragsbeweis: Das Konnossement belegt den Vertrag zwischen dem Absender und der Reederei über den Transport der Ware.

Du kannst dir das Konnossement wie den Pass deiner Kamera vorstellen, wenn sie auf ihre Reise geht. Es sorgt dafür, dass alles reibungslos abläuft, von der Abgabe im Hafen bis zur Ankunft am Zielort. Wenn dein Freund die Kamera schließlich in den Händen hält, wird er wahrscheinlich das Konnossement vorzeigen müssen, um zu beweisen, dass er der richtige Empfänger ist. Also, beim nächsten internationalen Paket, das du vielleicht mal verschickst oder empfängst, erinnere dich an das Konnossement und seine wichtige Rolle auf den Weltmeeren.

Konsignation: Das Ausstellungsregal für Händler

Stell dir vor, du bist ein junger Designer und hast coole T-Shirts entworfen, die du verkaufen möchtest. Aber statt direkt einen eigenen Laden zu eröffnen oder einen Online-Shop zu starten, möchtest du erstmal schauen, wie gut deine Designs bei den Leuten ankommen. Hier kommt die "Konsignation" ins Spiel!

Bei der Konsignation gibst du deine T-Shirts an einen Laden, aber nicht zum direkten Verkauf. Stattdessen werden sie dort ausgestellt und erst dann an den Laden verkauft, wenn ein Kunde tatsächlich ein T-Shirt kauft. Bis dahin gehören die T-Shirts weiterhin dir. Wenn sie verkauft werden, teilst du den Gewinn mit dem Ladenbesitzer. Wenn sie nicht verkauft werden, kannst du sie wieder zurücknehmen.

Das Tolle daran? Du musst nicht sofort all deine Ersparnisse investieren, um einen eigenen Laden zu mieten oder einen Online-Shop zu starten. Du kannst in mehreren Läden gleichzeitig ausstellen und so herausfinden, wo deine Designs am besten ankommen.

Aber es gibt auch einen Haken: Wenn die T-Shirts nicht verkauft werden, bekommst du möglicherweise gar kein Geld. Und du musst dem Ladenbesitzer einen Teil des Gewinns abgeben, wenn ein T-Shirt verkauft wird.

Zusammengefasst ist die Konsignation wie ein Ausstellungsregal für junge Designer oder Händler. Es ist eine tolle Möglichkeit, seine Produkte auszuprobieren und herauszufinden, was bei den Kunden wirklich gut ankommt!

Konsolidierung: Gemeinsam ist man stärker!

Stell dir vor, du planst mit deinen Freunden eine Reise zum nächsten großen Musikfestival. Jeder von euch möchte seine eigene Zeltausrüstung, Essen, Getränke und Kleidung mitnehmen. Ihr könntet alle einzeln mit euren Rucksäcken losziehen und versuchen, den besten Platz zu finden. Oder ihr könntet schlauer sein und all euer Zeug in einem großen Van packen und gemeinsam fahren. Dieses "Zusammenpacken" nennt man in der Logistik "Konsolidierung".

Wenn es um den Transport von Waren geht, funktioniert das genauso. Statt viele kleine Pakete oder Lieferungen separat zu verschicken, werden sie zu einer größeren Lieferung zusammengefasst. Dies spart Kosten, Zeit und ist oft auch umweltfreundlicher, weil zum Beispiel nur ein großes Transportmittel statt mehrerer kleiner benötigt wird.

Genauso funktioniert es auch in der Wirtschaft: Unternehmen könnten sich zusammenschließen oder ihre Ressourcen bündeln, um stärker und effizienter zu werden.

In einfachen Worten: Konsolidierung ist wie die Idee, "zusammen ist man stärker". Egal ob auf einem Musikfestival mit Freunden oder in der großen Welt der Logistik und Wirtschaft - es ist oft klüger, Ressourcen zusammenzulegen und gemeinsam voranzukommen!

Kontingent: Das große Stück vom Kuchen

Kennst du das? Du bist auf einer Party und es gibt einen leckeren Kuchen. Aber der Gastgeber sagt: "Jeder bekommt nur ein Stück!" Das ist natürlich schade, wenn du gern mehr hättest, aber es stellt sicher, dass jeder etwas abbekommt. Genau diese Idee von "Begrenzung" steckt hinter dem Wort "Kontingent".

In der Welt des Handels und der Wirtschaft bezeichnet ein Kontingent eine feste Menge oder Anzahl von etwas, sei es eine Ware oder ein Service, die innerhalb eines bestimmten Zeitraums verkauft oder gekauft werden kann. Zum Beispiel kann ein Land beschließen, nur eine bestimmte Menge an Äpfeln aus einem anderen Land zu importieren, um die heimische Landwirtschaft zu schützen. Oder ein Veranstalter könnte nur ein bestimmtes Kontingent an Tickets für ein Konzert verkaufen, um sicherzustellen, dass der Ort nicht überfüllt wird.

Kontingente sind also wie ein festgelegtes Stück vom großen Kuchen – sie bestimmen, wie viel jeder haben kann, um sicherzustellen, dass alles fair und geordnet abläuft. Und auch wenn es manchmal enttäuschend sein kann, nicht mehr zu bekommen, helfen Kontingente dabei, das große Ganze im Gleichgewicht zu halten!

Kontraktlogistik: Dein persönlicher Event-Planer für Waren

Stell dir vor, du möchtest eine große Geburtstagsparty organisieren. Da gibt es so viel zu planen: Wer bringt was mit? Wo findet die Party statt? Wie kommt das Essen zur Location? Und wer kümmert sich um die Musik? Es wäre doch super, wenn du jemanden hättest, der all diese Dinge für dich organisiert, oder?

Genau das macht die Kontraktlogistik in der Welt des Handels. Unternehmen haben oft riesige Mengen an Waren, die sie lagern, transportieren und an ihre Kunden liefern müssen. Anstatt all das selbst zu tun, beauftragen sie spezialisierte Logistikunternehmen. Diese "Logistik-Experten" übernehmen dann die komplette Planung und Ausführung – von der Lagerung der Produkte über den Transport bis hin zur Lieferung an den Kunden.

Es ist so, als würdest du einen Event-Planer engagieren, der sich um jedes Detail deiner Party kümmert. Du gibst einfach an, was du brauchst und wie du es dir vorstellst, und der Planer setzt alles in die Tat um. So können Unternehmen sicherstellen, dass ihre Waren pünktlich und in perfektem Zustand beim Kunden ankommen, ohne sich selbst um jedes kleine Detail kümmern zu müssen. Das spart Zeit und oft auch Geld. So kann sich das Unternehmen auf das konzentrieren, was es am besten kann, während die Kontraktlogistik dafür sorgt, dass alles reibungslos läuft. Ein echter Win-Win!

Kühlgut: Dein Sommereis sicher auf Reisen

Sommerzeit ist Eiszeit, oder? Stell dir vor, du hättest die geniale Idee, ein neues Eisgeschmack zu kreieren. Nach Monaten des Experimentierens in deiner Küche kommst du endlich auf das perfekte Rezept. Die nächste Herausforderung? Wie stellst du sicher, dass dein Eis in perfektem Zustand bei deinen Kunden ankommt, besonders wenn sie am anderen Ende des Landes oder sogar in einem anderen Land sind?

Hier kommt Kühlgut ins Spiel. Kühlgut sind Produkte, die bei einer bestimmten Temperatur gelagert und transportiert werden müssen, um frisch und sicher zu bleiben. Das kann alles sein, von deinem neuen Eis über frische Fische bis hin zu Medikamenten.

Wenn du dein Eis in einen normalen Lastwagen packen und quer durchs Land schicken würdest, wäre es bei Ankunft nur noch eine Pfütze. Nicht gerade das, was du dir vorgestellt hast, oder? Deshalb gibt es spezielle Kühltransporter. Diese sind wie rollende Kühlschränke, die dafür sorgen, dass das Innere immer genau die richtige Temperatur hat.

Doch es ist nicht nur der Transport, der wichtig ist. Auch die Lagerung spielt eine große Rolle. Große Kühlhäuser sorgen dafür, dass Produkte wie dein Eis immer in einem kühlen Zustand bleiben, bis sie auf den Weg zum Kunden gehen.

Kühlgutlogistik sorgt also dafür, dass empfindliche Waren immer im besten Zustand ankommen, egal wie heiß es draußen ist. Ohne sie würden wir im Sommer auf viele unserer Lieblingsleckereien verzichten müssen. So bleibt dein Sommereis, selbst auf den längsten Reisen, immer eiskalt!

Lademeter: Wie man den Platz in einem LKW berechnet

Stell dir vor, du spielst ein Videospiel, bei dem du Gegenstände in einem Raum oder Fahrzeug so effizient wie möglich anordnen musst. Es ist ein bisschen wie Tetris, aber in Echt! In der Logistik- und Transportwelt gibt es tatsächlich ein Konzept, das genau das macht: Es heißt "Lademeter".

Der Lademeter ist eine Maßeinheit, die dazu verwendet wird, um zu berechnen, wie viel Platz eine Ware oder eine Ladung in einem LKW oder einem anderen Transportmittel einnimmt. Ein Lademeter entspricht einem Meter der Lade- oder Nutzfläche eines LKW. Um das einfach zu machen: Wenn du zehn Meter von der Länge eines LKW belegt hättest, würdest du sagen, dass du zehn Lademeter Ladung hast.

Warum ist das wichtig? Nun, Spediteure und Transportunternehmen müssen genau wissen, wie viel sie laden können, um sicherzustellen, dass alles effizient und sicher transportiert wird. Ein überladener LKW kann gefährlich sein, und ein halbleerer LKW ist nicht wirtschaftlich.

Hier ein einfaches Beispiel: Angenommen, ein LKW hat insgesamt 13,6 Lademeter. Wenn ein Kunde Waren hat, die 5 Lademeter belegen, dann bleiben noch 8,6 Lademeter übrig, die von anderen Kunden genutzt werden können.

Beim nächsten Mal, wenn du auf der Autobahn neben einem großen LKW fährst, kannst du dir jetzt vorstellen, dass da drinnen wahrscheinlich ein kleines Tetris-Spiel gespielt wurde, um sicherzustellen, dass alles hineinpasst und sicher transportiert wird!

Ladungssicherung: Warum deine Bestellung heil ankommt

Stell dir vor, du bestellst dir ein brandneues Skateboard online. Du kannst es kaum erwarten, bis es ankommt. Aber was wäre, wenn das Skateboard während des Transports im Lieferwagen herumfliegt und beschädigt wird? Das wäre ziemlich enttäuschend, oder?

Hier kommt die Ladungssicherung ins Spiel. Das ist nicht einfach nur ein fancy Begriff, sondern ein absolutes Muss im Transportwesen. Es bedeutet im Grunde, dass alles, was in einem Fahrzeug (egal ob LKW, Zug oder Schiff) transportiert wird, so gesichert sein muss, dass es sich selbst bei plötzlichem Bremsen oder scharfen Kurven nicht bewegt. Und das ist nicht nur wichtig für empfindliche Gegenstände wie dein Skateboard, sondern auch für die Sicherheit aller auf der Straße. Wie funktioniert das also? Es gibt verschiedene Methoden und Hilfsmittel zur Ladungssicherung. Das kann von einfachen Spanngurten, die um größere Objekte gelegt werden, bis hin zu speziellen Netzen oder rutschfesten Matten reichen, die verhindern, dass Gegenstände hin und her rutschen. Aber warum ist das so wichtig? Denk an den Fahrer des Lieferwagens. Wenn die Ladung sich plötzlich bewegt, könnte sie ihn ablenken oder das Fahrverhalten des Fahrzeugs beeinflussen. Im schlimmsten Fall kann eine schlecht gesicherte Ladung zu Unfällen führen. Und natürlich möchte niemand, dass seine Bestellung beschädigt ankommt.

Also, das nächste Mal, wenn du eine Bestellung in Empfang nimmst, denk daran, dass es eine ganze Wissenschaft gibt, die sicherstellt, dass alles in einwandfreiem Zustand bei dir ankommt. Und vielleicht gibst du dem Lieferwagenfahrer ein zusätzliches Lächeln – er hat dafür gesorgt, dass dein Skateboard sicher bei dir ankommt!

Lager: Mehr als nur ein Ort für Kisten

Okay, lass uns über Lager reden. Ich meine nicht das coole Sommerlager, von dem du vielleicht träumst, sondern Orte, wo all die Dinge aufbewahrt werden, die wir täglich nutzen. Ob die neuesten Sneakers, die du online bestellt hast, oder das Handy, das du in deinen Händen hältst – bevor diese Produkte zu dir kamen, haben sie wahrscheinlich eine Zeit lang in einem Lager verbracht.

Stell dir ein Lager wie ein riesiges, super organisiertes Zimmer vor. Aber anstatt Kleidung und Büchern gibt es hier riesige Regale, die mit allen möglichen Produkten gefüllt sind. Jeder Artikel hat seinen festen Platz, damit die Arbeiter genau wissen, wo sie ihn finden können. Und genau wie du vielleicht eine Liste in deinem Zimmer hast, um den Überblick zu behalten, nutzen Lager spezielle Computersysteme, um genau zu wissen, was wo liegt. Warum das Ganze? Geschwindigkeit ist das Zauberwort. Wenn du etwas bestellst, muss das Lagerpersonal in der Lage sein, es schnell zu finden, es für den Versand vorzubereiten und es dann auf den Weg zu dir zu schicken. Wenn das Lager chaotisch wäre, würden die Dinge viel länger dauern.

Aber Lager sind nicht nur für Dinge, die wir kaufen. Sie spielen auch eine wichtige Rolle in der Wirtschaft. Unternehmen brauchen sie, um Rohstoffe zu lagern, Produkte zu produzieren und dann die fertigen Produkte zu versenden.

Und während es sich vielleicht langweilig anhört, in einem Lager zu arbeiten, gibt es viele coole Technologien, die eingesetzt werden. Von Robotern, die schweres Heben übernehmen, bis hin zu Drohnen, die den Bestand überwachen. Läden, Online-Shops und sogar Restaurants verlassen sich auf Lager, um zu funktionieren.

Also, das nächste Mal, wenn du eine Bestellung aufgibst, überlege dir, wie viele Schritte dein Produkt durchlaufen hat, bevor es bei dir ankommt. Es ist ziemlich beeindruckend, wenn man darüber nachdenkt!

Lagerhaltung: Das Rückgrat des Online-Shoppings

Du klickst auf "Jetzt kaufen", und ein paar Tage später kommt ein Paket zu dir nach Hause. Doch was passiert dazwischen? Die Antwort steckt oft in der Lagerhaltung.

Lagerhaltung klingt vielleicht nach einem langweiligen Wort, aber sie ist wie die verborgene Magie hinter vielen Dingen, die wir für selbstverständlich halten. Stell dir vor, du wärst in einem riesigen Videospiel, in dem du bestimmte Items sammelst und sicher aufbewahrst, um sie später zu nutzen. Die Lagerhaltung funktioniert ähnlich, nur in der echten Welt.

Es geht dabei nicht nur darum, Produkte zu stapeln und darauf zu warten, dass sie verkauft werden. Es ist eine Kunst und Wissenschaft zugleich, die sicherstellt, dass Produkte in bestem Zustand, im richtigen Maße und zur richtigen Zeit verfügbar sind. Das bedeutet, dass nicht zu viele oder zu wenige Produkte gelagert werden und dass sie in gutem Zustand bleiben.

Ein gutes Lagerhaltungssystem kann Unternehmen dabei helfen, Geld zu sparen, indem es Platz effizient nutzt und sicherstellt, dass Produkte schnell gefunden und versandt werden können. Mit moderner Technologie, wie Barcodes und digitalen Tracking-Systemen, können Lagermitarbeiter genau wissen, wo sich ein Produkt befindet und wie lange es schon dort ist.

Aber warum ist das für dich relevant? Nun, die Lagerhaltung beeinflusst den Preis, den du zahlst, die Geschwindigkeit der Lieferung und sogar die Umwelt. Wenn ein Unternehmen zu viele Produkte lagert, die nicht verkauft werden, kann dies zu Verschwendung und höheren Preisen führen. Umgekehrt kann ein Mangel an Lagerhaltung dazu führen, dass Produkte ausverkauft sind, wenn du sie kaufen möchtest.

Kurz gesagt, die Lagerhaltung ist wie die unsichtbare Hand, die sicherstellt, dass das, was du online kaufst (oder im Laden), immer verfügbar ist, wenn du es willst. Es ist ein komplexes System, das den modernen Handel am Laufen hält. Also, das nächste Mal, wenn du auf "Kaufen" klickst, denk an all die Arbeit, die im Hintergrund abläuft, um sicherzustellen, dass dein Paket pünktlich ankommt!

Lagerlogistik: Das unsichtbare Ballett hinter deinen Paketen

Hast du jemals überlegt, wie dein neues Smartphone oder deine neue Jacke von der Produktionsstätte zu dir nach Hause gelangt? Die Lagerlogistik spielt dabei eine entscheidende Rolle und funktioniert im Hintergrund wie ein gut orchestriertes Ballett. Lagerlogistik ist nicht nur das einfache "Aufbewahren" von Dingen in einem Raum. Es ist der gesamte Prozess, der dafür sorgt, dass Produkte effizient gespeichert, gepflegt, überwacht und dann wieder herausgezogen werden, wenn sie benötigt werden. Es geht darum, dass Waren nicht nur gelagert, sondern auch richtig organisiert werden, um den schnellen Zugriff und den Versand zu ermöglichen. Stell dir ein riesiges IKEA-Regal vor, aber statt Möbeln sind es Millionen von Produkten. Ein effizientes Lagersystem weiß genau, wo jedes Produkt liegt. Moderne Lager nutzen Technologien wie Robotik und KI, um sicherzustellen, dass Produkte schnell und präzise bewegt werden. Wenn du also das nächste Mal eine Express-Lieferung bestellst, bedenke, dass Roboter und Computersysteme wahrscheinlich dabei geholfen haben, dein Paket in Rekordzeit zu dir zu bringen! Die Lagerlogistik stellt auch sicher, dass Produkte unter den besten Bedingungen gelagert werden. Denk an Lebensmittel oder Medikamente – sie müssen oft unter speziellen Temperaturen gelagert werden. Ein gutes Lagerlogistik-System wird solche Details berücksichtigen.

Warum sollte dich das interessieren? Nun, ohne eine gut funktionierende Lagerlogistik würden die Dinge, die wir online kaufen, viel länger brauchen, um anzukommen, und sie könnten in einem schlechten Zustand oder sogar beschädigt sein. Also, wenn du das nächste Mal ein Paket in den Händen hältst, erinnere dich daran: Es gibt ein ganzes Team von Menschen und Maschinen, die im Hintergrund arbeiten, und die Lagerlogistik stellt sicher, dass alles reibungslos läuft. Es ist wie ein Tanz, bei dem jeder Schritt zählt, und alles ist perfekt aufeinander abgestimmt!

Lagerschein: Der VIP-Pass deines Pakets im Lager

Stell dir vor, du gehst auf ein Musikfestival, und anstatt ein Eintrittsbändchen zu bekommen, gibst du einfach deinen Namen an der Tür an. Ohne dieses Bändchen wären Chaos und Verwirrung vorprogrammiert. In der Welt der Lagerung und Logistik ist der Lagerschein dieses "Eintrittsbändchen" für Waren und Produkte.

Ein Lagerschein ist im Grunde ein Dokument, das die Einlagerung von Waren in einem Lager bestätigt. Es ist wie ein Nachweis, dass bestimmte Artikel sicher im Lager angekommen sind und dort aufbewahrt werden. Dieses Dokument enthält wichtige Informationen wie die Art der Ware, die Menge, das Einlagerungsdatum und manchmal sogar den genauen Ort im Lager.

Jetzt fragst du dich vielleicht: "Warum ist das so wichtig?" Stell dir vor, du bestellst etwas online, und dieses Produkt muss aus einem großen Lager versendet werden. Der Lagerschein hilft den Lagerarbeitern, genau herauszufinden, wo dein Produkt ist und sicherzustellen, dass es korrekt an dich verschickt wird. Ohne diesen "VIP-Pass" könnten sie Schwierigkeiten haben, den richtigen Artikel zu finden, oder sie könnten sogar den falschen Artikel versenden!

Zusätzlich dient der Lagerschein auch als eine Art Versicherung. Falls es Streitigkeiten darüber gibt, ob eine Ware tatsächlich ins Lager geliefert wurde oder nicht, kann der Lagerschein als Beweis dienen.

Kurz gesagt, in der riesigen und oft hektischen Welt der Lager und Logistik ist der Lagerschein ein wichtiges Dokument, das dafür sorgt, dass alles reibungslos abläuft. Es ist wie der unsichtbare Held im Hintergrund, der sicherstellt, dass du genau das bekommst, was du bestellt hast!

Lagersystem: Das riesige Puzzle hinter deinem Online-Einkauf

Du klickst auf "Jetzt kaufen", freust dich über den blitzschnellen Versand und innerhalb weniger Tage ist dein neues T-Shirt, Spielzeug oder Buch bei dir zu Hause. Aber was passiert, nachdem du auf diesen Kaufen-Button geklickt hast? Die Antwort darauf verbirgt sich in den Wundern des Lagersystems.

Ein Lagersystem ist nicht einfach nur ein großer Raum, in dem Produkte wahllos abgelegt werden. Es ist wie ein gigantisches, gut organisiertes Puzzle. Jedes Produkt hat seinen eigenen, speziellen Platz, sodass es leicht zu finden und zu verschicken ist. Es gibt verschiedene Arten von Lagersystemen, je nachdem, welche Produkte gelagert werden und wie schnell sie verschickt werden müssen.

Manche Lagersysteme sind automatisiert: Roboterarme, die wie etwas aus einem Science-Fiction-Film aussehen, heben und transportieren Waren zu ihrem Platz oder zum Versand. Andere Lager sind manuell organisiert, in denen Menschen die Waren sortieren und platzieren. Die Regale in solchen Systemen können bis zur Decke reichen und sind so konzipiert, dass sie den verfügbaren Raum optimal nutzen. Manchmal sind die Produkte nach Größe, Gewicht oder Häufigkeit des Zugriffs angeordnet. Es gibt sogar spezielle Lagersysteme für Produkte, die gekühlt werden müssen, wie Lebensmittel oder Medikamente.

Ein effizientes Lagersystem sorgt dafür, dass der Prozess von der Bestellung bis zur Lieferung so schnell und fehlerfrei wie möglich abläuft. Wenn du also das nächste Mal etwas online bestellst und es schnell bei dir ankommt, denk daran, dass im Hintergrund ein ausgeklügeltes Lagersystem am Werk war, das alles reibungslos und pünktlich für dich organisiert hat!

Lagerverwaltungssystem (LVS): Das Gehirn hinter dem Lager

Stell dir vor, du hast ein riesiges Zimmer voller Bücher, Spielsachen, Kleidung und mehr, und du musst genau wissen, wo sich jedes einzelne Teil befindet. Und nicht nur das, du musst auch schnell darauf zugreifen können, wenn du oder jemand anderes es braucht. Das wäre ziemlich kompliziert, oder? Nun, das ist im Grunde die Herausforderung eines jeden großen Lagers. Und hier kommt das Lagerverwaltungssystem, oft einfach LVS genannt, ins Spiel.

Ein LVS ist wie das Gehirn eines Lagers. Es ist ein computergestütztes System, das genau weiß, wo sich jede Ware im Lager befindet. Jedes Mal, wenn ein Produkt ins Lager kommt oder aus dem Lager geht, wird dies im LVS erfasst. Es steuert auch, wo ein Produkt im Lager platziert werden sollte, basierend auf Faktoren wie Größe, Gewicht und wie oft es benötigt wird.

Aber das ist noch nicht alles. Das LVS kann auch mit anderen Systemen kommunizieren. Zum Beispiel, wenn du online etwas bestellst, informiert das Bestellsystem das LVS, und das LVS gibt dann den genauen Standort des Produkts im Lager an. Das erleichtert es den Mitarbeitern oder sogar Robotern, das Produkt zu finden und es für den Versand vorzubereiten.

Ohne ein LVS wäre die Arbeit in großen Lagern nahezu unmöglich. Es würde viel länger dauern, Produkte zu finden, es gäbe mehr Fehler, und du müsstest viel länger auf deine Online-Bestellungen warten. Also, wenn du das nächste Mal etwas im Internet bestellst und es schnell bei dir ankommt, denk daran, dass im Hintergrund ein cleveres Lagerverwaltungssystem dafür gesorgt hat, dass alles glatt läuft!

Last-Mile-Delivery: Die finale Etappe deines Pakets

Kennst du das Gefühl, wenn du online etwas bestellst und dann gespannt darauf wartest, dass es endlich ankommt? Dieser letzte Abschnitt, von dem Ort, wo dein Paket vor deiner Haustür abgeliefert wird, bis es tatsächlich bei dir ankommt, nennt man "Last-Mile-Delivery" oder auf Deutsch "Endlieferung".

Warum ist diese "letzte Meile" so besonders? Nun, oft ist sie der komplizierteste und teuerste Teil des gesamten Lieferprozesses. Während es relativ einfach ist, tausende von Paketen von einem Lager zu einem Verteilzentrum in einer Stadt zu transportieren, ist es eine ganz andere Herausforderung, jedes einzelne Paket zu den individuellen Adressen der Menschen zu bringen. Jeder hat andere Lieferzeiten, manche wohnen in verkehrsreichen Innenstädten, andere vielleicht in abgelegenen Gebieten. Genau deshalb gibt es so viele Innovationen in diesem Bereich. Vielleicht hast du schon von Drohnenlieferungen gehört oder von Robotern, die Pakete ausliefern. Das sind alles Versuche, die Last-Mile-Delivery effizienter und schneller zu gestalten.

Aber es geht nicht nur um Geschwindigkeit. Die Endlieferung hat auch Auswirkungen auf die Umwelt. Große Lkw, die in der Stadt herumfahren und CO_2 ausstoßen, sind nicht gerade umweltfreundlich. Daher gibt es auch Bestrebungen, umweltfreundlichere Methoden für die Zustellung, wie Elektrofahrzeuge oder Lastenfahrräder, zu nutzen.

Also, wenn du das nächste Mal auf dein Paket wartest und die Sendungsverfolgung sagt "Ihr Paket wird bald zugestellt", denk daran, dass hinter dieser "letzten Meile" eine ganze Menge Planung und Technologie steckt, um sicherzustellen, dass deine Bestellung sicher und pünktlich bei dir ankommt!

LCL: Teile dir den Container mit anderen!

Stell dir vor, du möchtest ein paar große Möbelstücke von einem anderen Land importieren, aber sie sind nicht genug, um einen ganzen Container auf einem Schiff zu füllen. Was machst du? Du könntest warten, bis du genug Zeug hast, um den ganzen Container zu füllen, aber das könnte lange dauern und du brauchst die Möbel jetzt. Hier kommt LCL, oder "Less than Container Load", ins Spiel.

LCL bedeutet im Grunde, dass du dir den Platz in einem Container mit anderen teilst, die auch nicht genug Ware haben, um einen ganzen Container zu füllen. Denk an LCL wie an eine Fahrgemeinschaft, aber für Fracht! Anstatt dass jeder seine eigene "Fahrt" (in diesem Fall einen Container) hat, teilen sich mehrere Leute (oder Unternehmen) einen Container und die Kosten dafür.

Dies macht den internationalen Versand für viele zugänglicher und kostengünstiger, insbesondere für kleinere Unternehmen oder Einzelpersonen. Es ist eine flexible Lösung, die sicherstellt, dass Waren effizient verschifft werden, ohne Platz zu verschwenden. Der einzige Nachteil? Da viele verschiedene Frachtstücke in einem Container sind, kann der Prozess des Ein- und Auspackens etwas länger dauern als bei einem FCL (Full Container Load), bei dem ein Container nur von einem Kunden gefüllt wird.

Also, wenn du das nächste Mal etwas aus einem anderen Land bestellst und es ist nicht genug, um einen Container zu füllen, denk an LCL als deine "Fahrgemeinschaft" auf dem Meer. Es ist eine clevere Art, Platz und Kosten zu sparen!

Lean Management: Warum weniger manchmal mehr ist

Stell dir vor, dein Zimmer wäre ein Unternehmen und du bist der Chef. Dein Ziel ist es, dieses Zimmer so sauber und organisiert wie möglich zu halten. Aber anstatt einfach nur alles in Schränken und unter dein Bett zu werfen, möchtest du ein System haben, damit du immer genau weißt, wo alles ist und du nichts Unnötiges herumliegen hast. Genau das ist das Konzept hinter "Lean Management" in der Geschäftswelt.

"Lean" bedeutet schlank. Und in diesem Kontext geht es darum, alles Überflüssige loszuwerden und nur das zu behalten, was wirklich wichtig ist. In Unternehmen bedeutet das, dass sie Prozesse so gestalten, dass sie effizient sind und ohne unnötige Schritte oder Ressourcen auskommen. Ziel ist es, Verschwendung zu eliminieren, damit das Unternehmen schneller, besser und kostengünstiger arbeiten kann.

Hier sind ein paar Beispiele:

1. **Wartezeiten minimieren:** Wenn in einer Fabrik ein Arbeiter auf Teile warten muss, bevor er seine Arbeit fortsetzen kann, ist das Verschwendung. Lean Management würde versuchen, diesen Prozess so zu ändern, dass alles reibungslos abläuft.

2. **Keine Überproduktion:** Ein Unternehmen möchte nicht mehr produzieren, als es verkaufen kann. Das wäre wie wenn du 20 Sandwiches machst, aber nur 5 isst und den Rest wegwirfst.

3. **Qualität:** Fehler kosten Geld und Zeit. Ein Lean-Unternehmen möchte Dinge von Anfang an richtig machen, anstatt später Fehler zu korrigieren.

Es ist also wie bei dir zu Hause: Du willst nicht fünf verschiedene Shampooflaschen in der Dusche haben, wenn du nur eine benutzt. Und du willst nicht 10 Minuten suchen müssen, um dein Lieblingsshirt zu finden. Lean Management nimmt dieses Prinzip und wendet es auf ganze Unternehmen an. Es geht darum, schlank, effizient und organisiert zu sein. Denn wenn alles reibungslos läuft, hat das Unternehmen mehr Erfolg und die Kunden sind zufriedener. Und wer möchte nicht, dass sein "Zimmer" (oder Unternehmen) in Topform ist?

Leerfahrt: Warum Transporter ohne Ladung ein Problem sind

Du kennst das bestimmt: Du willst mit deinen Freunden ins Kino, aber zwei von euch haben ihr eigenes Auto dabei. Du könntest alle zusammen in einem Auto fahren, aber stattdessen fahrt ihr getrennt. Das bedeutet mehr Verkehr, mehr Benzinkosten und mehr Umweltverschmutzung, obwohl es effizienter gewesen wäre, zusammenzufahren.

In der Transport- und Logistikbranche gibt es ein ähnliches Phänomen, und es heißt "Leerfahrt". Das passiert, wenn LKWs, Züge oder Schiffe nach der Lieferung von Waren ohne Ladung zurückkehren oder zu einem anderen Ort fahren. Stell dir vor, ein LKW liefert Schokolade von Berlin nach München. Anstatt in München eine andere Ladung für die Rückfahrt nach Berlin aufzunehmen, fährt der LKW leer zurück. Das bedeutet, dass das Unternehmen Geld für den Treibstoff und den Fahrer ausgibt, ohne dabei etwas zu verdienen. Leerfahrten sind nicht nur teuer, sondern auch schlecht für die Umwelt. Sie führen zu unnötigen CO2-Emissionen und erhöhen den Verkehr, was wiederum zu mehr Staus und Unfällen führen kann.Warum passiert das? Nun, es gibt viele Gründe. Manchmal haben Unternehmen keine Rückladungen, weil es einfach keine passenden Angebote gibt. Oder es gibt Probleme mit der Planung und Koordination zwischen den Transportunternehmen. Um dieses Problem zu bekämpfen, gibt es spezielle Plattformen und Apps, die Transportunternehmen dabei helfen, Rückladungen zu finden. Das ist so, als würdest du eine App nutzen, um Mitfahrgelegenheiten zu finden, sodass niemand alleine fahren muss.

Am Ende des Tages geht es darum, effizienter und umweltfreundlicher zu sein. Denn genaus wie es klüger ist, mit Freunden gemeinsam ins Kino zu fahren, ist es auch sinnvoller, Transportmittel optimal auszulasten.

Lieferant: Wer bringt eigentlich all die coolen Sachen?

Wenn du online shoppst und dir ein neues T-Shirt oder die neuesten Sneakers bestellst, denkst du wahrscheinlich nicht groß darüber nach, woher diese Dinge eigentlich kommen. Aber hinter jedem Produkt, das du kaufst, steckt eine ganze Kette von Menschen und Unternehmen, die dafür sorgen, dass es zu dir kommt. Ein ganz wichtiger Teil dieser Kette ist der "Lieferant".

Ein Lieferant ist ein Unternehmen oder eine Person, die Produkte oder Dienstleistungen an andere Unternehmen verkauft. Stell dir das wie einen Mittelsmann vor. Das T-Shirt, das du bestellt hast, wurde vielleicht von einer Firma in Bangladesch hergestellt. Diese Firma ist der Lieferant für den Online-Shop, bei dem du einkaufst. Der Shop kauft dann das T-Shirt vom Lieferanten und verkauft es an dich weiter. Aber Lieferanten liefern nicht nur Kleidung. Sie können alles Mögliche bereitstellen - von Lebensmitteln, die du im Supermarkt kaufst, bis hin zu den Teilen in deinem Smartphone.

Es ist wichtig, dass Unternehmen gute Beziehungen zu ihren Lieferanten haben. Ein zuverlässiger Lieferant sorgt dafür, dass Produkte rechtzeitig und in guter Qualität geliefert werden. Wenn es Probleme gibt, wie zum Beispiel eine verspätete Lieferung oder mangelhafte Produkte, kann das für Unternehmen teuer werden und ihren Ruf schädigen. Daher wählen viele Unternehmen ihre Lieferanten sehr sorgfältig aus und arbeiten eng mit ihnen zusammen. Als Konsumenten können wir auch darauf achten, von wem und wie die Produkte, die wir kaufen, geliefert werden. Wenn ein Lieferant beispielsweise unter schlechten Arbeitsbedingungen produziert, können wir uns entscheiden, diese Produkte nicht zu kaufen. So haben wir alle ein bisschen Einfluss darauf, wie Dinge hergestellt und geliefert werden. Also, das nächste Mal, wenn du ein Paket öffnest, denk doch mal daran, wer alles daran beteiligt war, es zu dir zu bringen. Vom

Designer über den Lieferanten bis zum Paketboten – viele Menschen haben dazu beigetragen, dass du genau das bekommst, was du wolltest!

Lieferkette: Wie kommt dein Smartphone zu dir?

Hast du dich jemals gefragt, wie so viele Dinge, die wir täglich nutzen – von Smartphones bis zu Sneakern – ihren Weg zu uns finden? Es ist nicht so einfach, wie es aussieht. Jedes Produkt geht durch eine komplexe Reise, bevor es in unseren Händen landet, und diese Reise wird als "Lieferkette" bezeichnet.

Die Lieferkette ist wie ein riesiger Staffellauf, bei dem jeder Schritt entscheidend ist, um sicherzustellen, dass das Endprodukt rechtzeitig und in gutem Zustand bei uns ankommt. Diese Kette beginnt oft mit der Beschaffung von Rohstoffen. Zum Beispiel benötigt dein Smartphone seltene Erden für seine Elektronik. Diese werden zuerst abgebaut und dann an eine Fabrik geliefert, wo sie in Mikrochips verarbeitet werden. Danach werden diese Mikrochips möglicherweise an eine andere Fabrik geschickt, wo sie in ein Smartphone eingebaut werden. Das Smartphone wird dann in einer Box verpackt, die ebenfalls von irgendwoher kommt und einen eigenen Lieferkettenprozess hat. Ist das Handy verpackt, wird es an ein Lager geschickt und von dort aus schlicßlich an Geschäfte oder direkt an die Kunden ausgeliefert. Aber das ist noch nicht alles! Innerhalb dieser Kette gibt es viele wichtige Aspekte, über die man nachdenken muss, wie Transport (Schiffe, Flugzeuge, Lastwagen), Lagerung, Logistik und sogar Informationstechnologie, um den Überblick über alles zu behalten. Die Lieferkette betrifft uns alle. Ein Problem oder eine Verzögerung an einem Punkt der Kette kann dazu führen, dass ein Produkt verspätet ankommt oder sogar ganz ausfällt. Aber wenn alles reibungslos läuft, können wir uns darüber freuen, dass Produkte aus der ganzen Welt fast mühelos zu uns nach Hause gelangen.

Das nächste Mal, wenn du dein Smartphone in die Hand nimmst oder deine neuen Sneaker anziehst, denke an die unglaubliche Reise, die sie hinter sich haben, und all die Menschen und Prozesse, die dies möglich gemacht haben!

Lieferzeit: Das Warten auf den Paketboten

Kennt man nicht alle dieses Gefühl? Man hat online etwas Tolles gefunden, klickt auf "Bestellen" und kann es kaum erwarten, bis das Paket endlich ankommt. Doch dann kommt der Haken: die Lieferzeit. Es ist die Zeitspanne zwischen dem Moment, in dem du auf "Kaufen" klickst und dem Moment, in dem der Postbote vor deiner Tür steht.

Lieferzeiten können variieren. Manchmal kann es nur ein oder zwei Tage dauern, wenn der Artikel auf Lager ist und der Shop schnell versendet. In anderen Fällen, besonders wenn du etwas aus einem anderen Land bestellst, kann es Wochen dauern. Es hängt von vielen Faktoren ab: Wo befindet sich das Lager? Wie schnell wird der Artikel verschickt? Welchen Versanddienstleister nutzt der Shop? Und wie weit muss das Paket reisen?

Für Online-Shops sind kurze und genaue Lieferzeiten superwichtig. Warum? Weil wir, die Kunden, ungeduldig sind! Shops, die schnell liefern, haben oft zufriedenere Kunden. Und wenn die Lieferzeit kürzer ist als erwartet, freuen wir uns umso mehr.

Doch gerade bei hohem Bestellaufkommen, zum Beispiel vor Weihnachten, können Lieferzeiten auch mal länger werden. Hier ist Geduld gefragt. Ein Tipp: Wenn du etwas dringend brauchst, zum Beispiel ein Geburtstagsgeschenk, dann schau immer auf die angegebene Lieferzeit und bestelle rechtzeitig.

Zum Schluss noch ein kleiner Rat: Wenn du das nächste Mal online shoppst und es heißt, die Lieferzeit beträgt 3-5 Tage, dann plane am besten mit den 5 Tagen. So bist du auf der sicheren Seite und freust dich vielleicht sogar, wenn das Paket früher ankommt!

Lieferzeitfenster: Das kleine Warte-Spiel

Stell dir vor, du hast gerade die coolsten Sneaker online bestellt und kannst es kaum erwarten, sie endlich zu tragen. Der Shop verspricht eine schnelle Lieferung, aber dann kommt die Info: "Lieferung zwischen 8 Uhr morgens und 5 Uhr nachmittags". Das ist ein Lieferzeitfenster. Und ja, das bedeutet im Klartext: Du könntest theoretisch den ganzen Tag warten!

Ein Lieferzeitfenster gibt an, in welchem Zeitraum etwas geliefert wird. Es ist praktisch für den Lieferdienst, weil sie nicht exakt vorhersagen können, wann der Fahrer genau bei dir sein wird. Für uns als Empfänger kann es manchmal ein bisschen nervig sein, weil man nicht den ganzen Tag zu Hause sitzen und auf das Paket warten möchte.

Manche Lieferdienste versuchen, das Zeitfenster so klein wie möglich zu halten, zum Beispiel "zwischen 10 und 12 Uhr". Andere bieten sogar eine Sendungsverfolgung in Echtzeit an, sodass du genau sehen kannst, wo dein Paket gerade ist und wann es voraussichtlich ankommt.

Das Gute an Lieferzeitfenstern ist, dass man sich zumindest ein bisschen darauf einstellen kann. Du weißt, wann du zu Hause sein solltest und wann du rausgehen kannst, ohne dass das Paket vor einer leeren Wohnung steht. Und wenn du Glück hast, klingelt der Paketbote genau dann, wenn es dir am besten passt.

Trotzdem, ein Tipp: Wenn dir ein bestimmtes Lieferzeitfenster nicht passt, weil du zum Beispiel in der Schule oder bei der Arbeit bist, dann check, ob du die Lieferadresse ändern kannst. Vielleicht kann das Paket ins Büro oder zu einem Nachbarn geliefert werden. So verpasst du deine neuen Sneaker nicht!

LIFO (Last In – First Out): Wie ein Stapel Teller

Hast du schon einmal beim Grillen geholfen und musste Tellern für die Gäste stapeln? Oder wenn du Pizza bestellt hast und alle Kartons aufeinander stapelst? Wenn du dann einen Teller oder eine Pizza nimmst, nimmst du immer den, der oben liegt, also den letzten, den du draufgelegt hast, richtig? Das ist LIFO in Aktion!

LIFO steht für "Last In – First Out", was auf Deutsch so viel bedeutet wie "zuletzt reingekommen – zuerst rausgegangen". Es ist eine Methode, um Dinge in einer bestimmten Reihenfolge zu organisieren, und sie wird vor allem in der Wirtschaft und Logistik verwendet.

Stell dir vor, du hast ein Lager voller Kisten. Jedes Mal, wenn du neue Kisten bekommst, stapelst du sie oben auf den alten Kisten. Und wenn jemand eine Kiste haben will, gibst du ihm die oberste. Die Kisten, die als erstes ins Lager kamen, sind ganz unten im Stapel und warten am längsten darauf, wieder rausgeholt zu werden.

LIFO wird oft in Unternehmen verwendet, wenn es darum geht, Waren zu lagern oder Finanzen zu organisieren. Bei der Lagerung von Waren macht es oft Sinn, da man nicht immer die alten Sachen rauskramen muss. In der Buchhaltung ist es etwas komplizierter. Hier kann die LIFO-Methode beeinflussen, wie Profit oder Verlust in den Büchern aussehen, je nachdem wie sich die Preise von Waren über die Zeit verändern.

Aber für dich als Neuling: Denk einfach an den Tellerstapel beim nächsten Grillfest. Wenn du das Prinzip dahinter verstehst, hast du schon eine gute Vorstellung von LIFO!

Lkw: Die Giganten der Straße

Wenn du auf einer Autobahn oder Landstraße unterwegs bist, kommst du an ihnen nicht vorbei – den Lkw. Lkw steht für "Lastkraftwagen" und diese riesigen Fahrzeuge sind dafür gemacht, schwere und große Mengen an Gütern von einem Ort zum anderen zu transportieren.

Stell dir mal vor, du bestellst dir ein neues Bett. Es wäre doch ziemlich unpraktisch, wenn dieses Bett in einem kleinen Auto geliefert werden müsste, oder? Genau hier kommen die Lkw ins Spiel. Sie können große, sperrige und viele Dinge gleichzeitig transportieren und sorgen dafür, dass Geschäfte immer gut mit Waren bestückt sind oder deine Online-Bestellungen rechtzeitig bei dir ankommen. Es gibt verschiedene Typen von Lkw: Vom kleineren 7,5-Tonner, den man vielleicht mal beim Umzug benutzt, bis zum gigantischen 40-Tonner, der schwere Maschinen oder sogar Teile von Windrädern transportieren kann.

Lkw-Fahrer haben einen ziemlich harten Job. Sie sind oft tagelang unterwegs, schlafen in ihren Fahrzeugen und müssen sich an strenge Ruhezeiten halten. Und das Fahren eines solch großen Gefährts erfordert viel Geschick und Aufmerksamkeit. Manchmal sind sie auf engen Straßen unterwegs oder müssen in der Stadt komplizierte Wendemanöver machen.

Lkw sind also extrem wichtig für unsere Wirtschaft und unseren Alltag. Aber sie stehen auch in der Kritik, besonders wegen des CO2-Ausstoßes und der Umweltbelastung. Deswegen gibt es Bemühungen, Lkw umweltfreundlicher zu gestalten, zum Beispiel durch den Einsatz von Elektromotoren oder Wasserstoffantrieb.

Egal wie man zu ihnen steht: Lkw sind faszinierende Maschinen, die unsere moderne Welt am Laufen halten!

Logistik: Wie alles an seinen Platz kommt

Wenn du dir mal überlegt hast, wie dein neues Smartphone oder die Jeans, die du gerade trägst, zu dir nach Hause gekommen ist, dann tauchst du in die spannende Welt der Logistik ein. Logistik ist im Grunde genommen die Kunst und Wissenschaft, Dinge von A nach B zu bewegen - und das so effizient und schnell wie möglich.

Logistik steckt in fast allem, was uns umgibt. Deine Lebensmittel im Supermarkt? Sie wurden dorthin geliefert. Dein Paket von einem Online-Shop? Jemand hat dafür gesorgt, dass es rechtzeitig und sicher bei dir ankommt. Und all das, ohne dass wir uns wirklich Gedanken darüber machen.

Aber die Logistik geht weit über den Transport hinaus. Sie befasst sich auch mit der Lagerung von Gütern, der Planung, wie Produkte am besten von einem Ort zum anderen gelangen, und sogar damit, wie man Waren am besten in einem Lager anordnet. Gute Logistik bedeutet auch, klug vorauszudenken. Wenn zum Beispiel ein großes Sportevent in einer Stadt stattfindet, muss im Voraus geplant werden, wie genug Getränke und Essen dorthin gelangen, ohne dass ein Verkehrschaos entsteht. Logistik ist also überall und beeinflusst unseren Alltag in vielen verschiedenen Formen. Sie ist auch ein riesiger Wirtschaftszweig: Von Lkw-Fahrern über Lagerarbeiter bis hin zu Softwareentwicklern, die spezialisierte Computerprogramme erstellen, um Lieferketten zu optimieren – sie alle sind Teil der Logistikbranche.

Ohne Logistik würde unsere moderne Welt, in der wir gewohnt sind, alles schnell und bequem zu bekommen, nicht funktionieren. Es ist faszinierend zu sehen, wie diese riesigen Systeme hinter den Kulissen arbeiten, um sicherzustellen, dass alles reibungslos läuft!

Logistikcontrolling: Der "Fitness-Tracker" für Unternehmen

Stell dir vor, du hast dir vorgenommen, fitter zu werden. Um das zu schaffen, holst du dir eine coole Sportuhr oder eine App, die misst, wie viele Schritte du gehst, wie hoch dein Puls ist und wie viele Kalorien du verbrennst. Mit diesen Daten kannst du deinen Fortschritt verfolgen, sehen, wo du dich verbessern musst, und sicherstellen, dass du auf dem richtigen Weg bist.

Jetzt stell dir vor, ein Unternehmen will seine Logistik – also wie Waren gelagert, transportiert und geliefert werden – verbessern. Das Unternehmen braucht ähnliche "Messgeräte" wie deine Sportuhr, um zu sehen, wie gut es läuft und wo es sich verbessern kann. Hier kommt das Logistikcontrolling ins Spiel! Logistikcontrolling ist wie der "Fitness-Tracker" für Unternehmen. Es sammelt Daten über die Logistikprozesse, analysiert sie und stellt sicher, dass alles effizient läuft. Es hilft auch, Kosten zu sparen, denn wenn ein Unternehmen genau weiß, wo seine Schwachstellen sind, kann es diese gezielt angehen.

Zum Beispiel: Wenn ein Unternehmen feststellt, dass es immer viel zu viele Produkte auf Lager hat, die niemand kauft, kann es durch das Logistikcontrolling herausfinden und weniger von diesen Produkten bestellen. Oder wenn es immer wieder Probleme mit verspäteten Lieferungen gibt, kann es herausfinden, woran das liegt und Lösungen finden.

Kurz gesagt: Logistikcontrolling hilft Unternehmen, ihre "Fitness" in Sachen Logistik zu überwachen und zu verbessern. Es sorgt dafür, dass alles reibungslos läuft und die Kunden zufrieden sind. Und genau wie du mit deinem Fitness-Tracker bessere Ergebnisse erzielst, hilft das Logistikcontrolling Unternehmen, besser und effizienter zu werden!

Logistikplanung: Wenn das Liefer-Puzzle zusammenpasst

Du kennst das sicherlich von den Puzzlespielen: Jedes Teil muss genau an die richtige Stelle, damit am Ende ein vollständiges Bild entsteht. Ähnlich verhält es sich mit der Logistikplanung in Unternehmen. Statt Puzzleteilen geht es hier allerdings um Waren, LKW, Lagerplätze und Liefertermine. Und das Ziel? Dass alles reibungslos abläuft und Waren zur richtigen Zeit am richtigen Ort sind.

Stell dir vor, du organisierst eine Party und möchtest Pizza für alle Gäste bestellen. Du musst überlegen, wie viele Pizzas du brauchst, zu welcher Zeit sie ankommen sollen und wie du sicherstellst, dass sie warm und frisch sind. Dies ist eine einfache Form der Logistikplanung. Nun stelle dir ein Unternehmen vor, das täglich Tausende von Produkten an Kunden auf der ganzen Welt versendet.

Die Herausforderungen sind viel größer: Welche Produkte sollen zuerst versendet werden? Wie können sie am schnellsten und kostengünstigsten transportiert werden? Wo sollten sie gelagert werden, um schnell zugänglich zu sein? Die Logistikplanung ist also wie ein riesiges, komplexes Puzzle. Experten verwenden spezielle Software und reichlich Erfahrung, um sicherzustellen, dass alles passt. Sie planen Transportrouten, wählen das richtige Lager aus, berechnen Lieferzeiten und sorgen dafür, dass alles so effizient wie möglich abläuft. Dabei berücksichtigen sie auch unerwartete Ereignisse, wie etwa Verkehrsstaus oder Lieferverzögerungen.

Wenn die Logistikplanung gut funktioniert, merkt man es oft gar nicht – alles läuft einfach. Aber wenn etwas schief geht, kann es zu großen Problemen führen, wie zum Beispiel verspäteten Lieferungen oder verärgerten Kunden.

Kurz gesagt: Die Logistikplanung ist ein unverzichtbarer Prozess, der dafür sorgt, dass der "Logistik-Puzzle" in Unternehmen perfekt zusammenspielt. Und genau wie beim Puzzeln braucht es Geduld, Strategie und ein gutes Auge fürs Detail!

Logistikzentrum: Das gigantische Puzzle-Spiel hinter deinem Online-Einkauf

Du klickst auf "Jetzt kaufen", und ein paar Tage später ist das Produkt vor deiner Tür. Einfach, oder? Doch hinter dieser scheinbaren Einfachheit verbirgt sich ein wahres Meisterwerk der Organisation: das Logistikzentrum.

Stell dir das Logistikzentrum wie ein gigantisches, super-organisiertes Lagerhaus vor, in dem Tausende von Produkten täglich ankommen und wieder herausgehen. Es ist der Ort, an dem deine Online-Bestellungen entgegengenommen, bearbeitet und dann für den Versand vorbereitet werden.

Hier passiert alles: Produkte werden in großen Mengen angeliefert, sortiert, gelagert und dann, wenn jemand wie du eine Bestellung aufgibt, wieder herausgesucht. Mit Hilfe modernster Technologie, wie automatisierten Fördersystemen und Robotern, wird das gewünschte Produkt aus den endlosen Regalreihen entnommen, verpackt und auf den Weg zu dir geschickt. Aber ein Logistikzentrum ist nicht nur ein einfacher Lagerort. Es ist ein Ort, an dem Effizienz oberste Priorität hat. Jeder Artikel hat seinen spezifischen Platz, sodass er schnell gefunden werden kann. Jeder Prozess ist so gestaltet, dass er möglichst wenig Zeit kostet und Fehler vermieden werden. Und all das läuft oft 24/7, also rund um die Uhr. Man könnte sagen, ein Logistikzentrum ist wie das Herz des Online-Handels. Es pumpt ständig Produkte aus und sorgt dafür, dass sie zu den Menschen gelangen, die sie bestellt haben, genau dann, wenn sie sie erwarten.

Das nächste Mal, wenn du also auf "Jetzt kaufen" klickst, denk daran, dass dein Produkt wahrscheinlich durch dieses beeindruckende Labyrinth eines Logistikzentrums geht, bevor es seinen Weg zu dir findet. Es ist ein Wunderwerk der modernen Technik und Organisation!

LTL (Less than Truckload): Warum nicht den ganzen Lkw nutzen?

Stell dir vor, du ziehst um und hast nur ein paar Kisten. Würdest du einen riesigen Umzugswagen mieten, der eigentlich dazu gedacht ist, ein ganzes Haus zu transportieren? Wahrscheinlich nicht, oder? Das wäre so, als würdest du einen riesigen Rucksack mit in die Schule nehmen, nur um ein einziges Buch darin zu tragen. Genau hier kommt LTL, oder "Less than Truckload", ins Spiel.

LTL ist ein Begriff aus der Transportbranche und bedeutet, dass nicht der gesamte Lkw mit Ware von nur einem Absender gefüllt wird. Stattdessen teilen sich mehrere Absender den Platz im Lkw. Das ist besonders praktisch, wenn Unternehmen nur eine kleine Menge an Waren zu versenden haben und nicht die Kosten für den Transport eines ganzen Lkw tragen möchten.

Vorstellbar ist das wie eine Mitfahrgelegenheit für Pakete und Waren. Anstatt dass jedes Unternehmen seinen eigenen Lkw fährt, werden die Waren verschiedener Unternehmen in einem Lkw kombiniert und gemeinsam zum Zielort transportiert.

Für die Unternehmen hat das den Vorteil, dass sie nur für den Platz bezahlen, den sie tatsächlich nutzen, und nicht für den gesamten Lkw. Und für die Umwelt? Auch da gibt's gute Nachrichten! Indem mehrere Sendungen in einem Lkw kombiniert werden, reduziert sich die Anzahl der Fahrten und somit auch der CO2-Ausstoß.

LTL macht also nicht nur wirtschaftlich Sinn, sondern ist auch ein kleiner Beitrag zum Umweltschutz. Das nächste Mal, wenn du einen Lkw auf der Straße siehst, könnte es also sein, dass er mehrere "Mitfahrer" an Bord hat, die gemeinsam ihre Reise antreten!

Luftfracht: Wenn Pakete fliegen lernen

Denk mal an das letzte Mal zurück, als du online etwas bestellt hast, das aus einem fernen Land kam. Vielleicht ein cooles T-Shirt oder ein seltenes Sammelstück. Hast du dich jemals gefragt, wie es so schnell bei dir angekommen ist? Die Antwort liegt oft hoch über uns in den Wolken: die Luftfracht.

Luftfracht ist schlichtweg der Transport von Gütern durch Flugzeuge. Im Gegensatz zu Schiffen oder Lastwagen, die Waren auf dem Land- oder Seeweg transportieren, sind Flugzeuge bei weitem die schnellste Methode, um Waren von einem Ort zum anderen zu bringen. Sie sind die Expresszüge des internationalen Handels! Aber nicht alles, was fliegt, ist automatisch Luftfracht. Es gibt spezielle Frachtflugzeuge, die dafür gebaut wurden, riesige Mengen an Waren zu transportieren. Und nein, diese Flugzeuge haben keine Fensterreihen für Passagiere. Stattdessen sind sie mit großen Laderäumen ausgestattet, die vom Boden bis zur Decke mit Paketen, Paletten und manchmal sogar mit ganzen Autos gefüllt sind! Für viele Branchen, besonders für die Technologie- und Pharmaindustrie, ist die Luftfracht unverzichtbar. Warum? Weil viele Produkte entweder sehr wertvoll sind oder schnellstmöglich geliefert werden müssen. Stell dir vor, ein Krankenhaus benötigt dringend medizinische Ausrüstung oder ein neues Smartphone wird weltweit veröffentlicht - hier kommt die Luftfracht ins Spiel. Allerdings hat dieser rasante Transport auch seinen Preis. Luftfracht ist oft teurer als andere Transportmethoden und hat auch einen größeren CO_2-Fußabdruck. Deshalb wird sie in der Regel für Waren genutzt, bei denen Geschwindigkeit oder Sicherheit den höheren Preis rechtfertigen.

Also, das nächste Mal, wenn du draußen ein Flugzeug am Himmel siehst, könnte es sein, dass es nicht nur Urlauber in ferne Länder bringt, sondern auch Waren, die irgendwo auf der Welt dringend benötigt werden. Ein Hoch auf die fliegenden Pakete!

Luftfrachtschein: Dein Ticket für fliegende Pakete

Du kennst sicherlich Kinotickets, Bahntickets und sogar Flugtickets für Reisen, oder? Aber wusstest du, dass es auch so etwas wie ein "Ticket" für Pakete gibt, die per Luftfracht verschickt werden? Das ist der Luftfrachtschein!

Ein Luftfrachtschein ist im Grunde ein offizielles Dokument, das alle wichtigen Informationen über eine Luftfrachtsendung enthält. Es ist wie eine Identitätskarte für Pakete, die in den Himmel fliegen. Dieses Dokument bestätigt, dass der Frachtführer (also die Fluggesellschaft) die Waren erhalten hat und sich verpflichtet, sie zum angegebenen Zielort zu transportieren. Was steht also auf diesem "Ticket"? Einiges! Es enthält Daten wie den Namen des Absenders und des Empfängers, eine genaue Beschreibung der Güter, das Gewicht, das Volumen, den Frachtpreis und sogar spezielle Anweisungen für den Umgang mit den Gütern (zum Beispiel "Vorsicht, zerbrechlich!").

Der Luftfrachtschein ist auch ein Beweisstück. Wenn es Probleme oder Streitigkeiten zwischen dem Absender, dem Frachtführer und dem Empfänger gibt, zum Beispiel wenn die Ware beschädigt ankommt oder verloren geht, dient dieses Dokument als Nachweis darüber, was genau vereinbart wurde. Interessant ist auch, dass, obwohl viele Dinge heutzutage digitalisiert sind, der Luftfrachtschein immer noch oft als physisches Papierdokument verwendet wird. Es gibt zwar elektronische Versionen, aber das traditionelle Papierformat ist in der Luftfrachtbranche nach wie vor weit verbreitet.

Also, wenn du jemals ein Paket per Luftfracht verschickst und ein offizielles Dokument erhältst, das wie ein sehr detailliertes Ticket aussieht, weißt du jetzt: Das ist der Luftfrachtschein - das Ticket deines Pakets für seine Reise durch die Lüfte!

Mann zur Ware: Das Prinzip des Shoppens im Lager

Stell dir vor, du gehst in einen großen Supermarkt, um Lebensmittel zu kaufen. Du bewegst dich durch die Gänge, nimmst dir Produkte aus den Regalen und legst sie in deinen Einkaufswagen. In gewisser Weise ist das, was du gerade machst, das Prinzip "Mann zur Ware" in Aktion. Der Begriff "Mann zur Ware" kommt aus der Logistik, dem Bereich, der sich mit der Organisation von Warenflüssen befasst. Statt "Mann" könnte es natürlich auch "Frau" oder "Person" sein – es geht schlicht darum, dass jemand (z.B. ein Mitarbeiter in einem Lager) sich zu den Produkten bewegt, um sie zu holen. In einem Lager funktioniert das so: Wenn eine Bestellung eingeht, zum Beispiel für einen Online-Shop, dann bekommt ein Mitarbeiter die Liste der gewünschten Artikel. Er oder sie geht dann ins Lager, nimmt die Produkte aus den Regalen und bereitet sie für den Versand vor. Der Mitarbeiter bewegt sich also zu den Waren, anstatt dass die Waren zu ihm gebracht werden.

Das klingt einfach, oder? Aber in großen Lagern kann das ziemlich herausfordernd sein. Es ist wichtig, genau zu wissen, wo jedes Produkt gelagert ist und den schnellsten Weg dorthin zu finden. Sonst verbringt man vielleicht den ganzen Tag nur mit Herumlaufen! Es gibt auch das Gegenteil, nämlich das Prinzip "Ware zum Mann". Dabei bleibt der Mitarbeiter an einem festen Platz, und die Produkte werden automatisch oder durch andere Mitarbeiter zu ihm gebracht. Dies ist besonders bei automatisierten Lagern der Fall, wo Maschinen und Roboter viele Aufgaben übernehmen.

Um es einfach zu sagen: "Mann zur Ware" ist wie der klassische Einkauf im Supermarkt, wo du zu den Produkten gehst. Es ist ein altbewährtes System, das in vielen Läden und Lagern auf der ganzen Welt eingesetzt wird!

Mehrweglogistik: Das Umweltfreundliche Hin und Her

Hey, erinnerst du dich an diese alten Flaschen, die du zurück zum Laden bringst und dafür Pfand bekommst? Das ist ein klassisches Beispiel für Mehrweglogistik. Es geht darum, Verpackungen und Behälter nicht nur einmal zu verwenden und dann wegzuwerfen, sondern sie mehrfach zu nutzen. So können wir die Umwelt schützen und Ressourcen sparen.

Stell dir vor, jeder würde seine Getränkeflasche nach einmaligem Gebrauch wegwerfen. Das wäre eine riesige Menge an Abfall! Dank der Mehrweglogistik werden solche Flaschen jedoch gesammelt, gereinigt und erneut befüllt. Es ist also wie ein Recycling-System, bei dem bestimmte Produkte zurück zum Startpunkt gehen und den Kreislauf erneut durchlaufen.

Aber es geht nicht nur um Flaschen. In der Industrie gibt es viele verschiedene Behälter, Paletten und Boxen, die hin und her transportiert werden, um Produkte von einem Ort zum anderen zu bringen. Wenn diese Behälter so gestaltet sind, dass sie mehrfach verwendet werden können, spricht man auch von Mehrweglogistik.

Ein cooles Beispiel ist das Pooling von Paletten. Unternehmen teilen sich einen Pool von Paletten, die immer wieder von A nach B und zurück transportiert werden. Nachdem die Ware abgeladen wurde, werden die leeren Paletten nicht entsorgt, sondern gesammelt und erneut verwendet.

Der Vorteil? Erstens, es ist umweltfreundlich, weil weniger Abfall produziert wird. Zweitens spart es Geld, weil Unternehmen nicht ständig neue Verpackungen oder Behälter kaufen müssen. Und drittens ist es oft auch praktischer, weil diese Mehrwegbehälter meistens stabiler und besser für den Transport geeignet sind als Einweglösungen.

In einer Zeit, in der wir alle über Nachhaltigkeit und Umweltschutz nachdenken, ist die Mehrweglogistik ein echter Gewinner. Sie zeigt, dass man sowohl praktisch als auch umweltbewusst handeln kann. Und jedes Mal, wenn du eine Flasche zurückgibst und Pfand bekommst, spielst auch du eine Rolle in diesem coolen System!

Milk Run: Der Milchwagen-Prinzip in der Logistik

Du kennst vielleicht noch die Geschichten von älteren Verwandten, die erzählen, dass früher der Milchmann von Haus zu Haus fuhr, um frische Milch zu liefern. Er hatte eine bestimmte Route, stoppte bei jedem Kunden, gab ihm die gewünschte Menge Milch und fuhr dann zum nächsten Kunden. Dieses Prinzip, regelmäßig und in einem festen Rhythmus bestimmte Punkte anzufahren, nennt man in der Logistik "Milk Run".

Stell dir vor, du spielst ein Videospiel, bei dem du einen Lieferwagen fährst. Deine Mission ist es, in einer Stadt verschiedene Gegenstände bei verschiedenen Stationen abzuholen. Aber statt immer nur zu einer Station zu fahren, leere zurückzukehren und dann zur nächsten zu fahren, fährst du eine bestimmte Route ab und sammelst bei jedem Stopp etwas auf, bevor du alles zusammen zurück zur Basis bringst. Dies spart Zeit und Benzin und ist effizienter. Genau das ist das Prinzip des Milk Run in der echten Welt.

In der Industrie und Logistik wird der Milk Run häufig genutzt, um Teile oder Produkte von verschiedenen Lieferanten oder Produktionsstätten zu sammeln. Ein Lastwagen kann zum Beispiel eine Runde fahren, bei der er bei mehreren Zulieferern Teile für die Produktion eines Autos abholt. Am Ende der Runde hat er alles, was er braucht, und bringt es direkt zum Autowerk.

Das Milk Run-Prinzip hilft, Verkehr zu reduzieren, Kosten zu sparen und die Umwelt zu schonen, da weniger leere Fahrten gemacht werden. Also, das nächste Mal, wenn du an Milch denkst, denke auch an effiziente Logistik!

Multimodaler Transport: Reisekombination für Waren

Hey, kennst du das, wenn du zu einem Freund fährst und dafür erst mit dem Fahrrad zum Bahnhof, dann mit dem Zug und schließlich noch mit dem Bus fährst? Du nutzt verschiedene Verkehrsmittel, um an dein Ziel zu kommen. Ähnlich funktioniert der multimodale Transport, aber statt Menschen geht es um Güter!

Der multimodale Transport bezeichnet die Beförderung von Waren mit mindestens zwei verschiedenen Verkehrsmitteln – beispielsweise Lkw, Schiff und Zug. Das Tolle daran: Jedes Verkehrsmittel wird dort eingesetzt, wo es am effizientesten ist. So können große Mengen über weite Strecken transportiert werden, ohne ständig umladen zu müssen.

Stell dir vor, ein Unternehmen in Deutschland möchte Maschinen nach China verkaufen. Der multimodale Transport könnte so aussehen:

- Mit dem Lkw geht es vom Werk zum nächsten Hafen.
- Im Hafen wird die Ware auf ein Schiff geladen und über den Ozean verschifft.
- Angekommen in einem chinesischen Hafen, wird die Ladung auf einen Zug verladen und ins Inland transportiert.

Für diesen Transport gibt es in der Regel nur einen Vertrag und einen Frachtbrief, selbst wenn verschiedene Transportunternehmen und Verkehrsmittel beteiligt sind. Das macht es für den Absender einfacher, weil er nur einen Ansprechpartner hat und nicht für jeden Transportabschnitt einen neuen Vertrag abschließen muss.

Der Vorteil des multimodalen Transports? Er ist oft schneller und kosteneffizienter als die Nutzung nur eines Verkehrsmittels. Außerdem können Umweltauswirkungen reduziert werden, indem zum Beispiel der energieeffiziente Zugver-
kehr über lange Strecken genutzt wird, anstatt alles mit Lkw zu transportieren.

Kurz gesagt: Multimodaler Transport ist wie eine gut geplante Reise mit verschiedenen Verkehrsmitteln, bei der Waren effizient und sicher an ihr Ziel gebracht werden. Und genauso wie bei deiner Reise zum Freund, ist es wichtig,
die beste Route und die passenden Verkehrsmittel zu wählen!

Nachschub: Wie deine Lieblingschips wieder ins Regal kommen

Kennst du das Gefühl, wenn du im Supermarkt nach deinen Lieblingschips suchst, aber das Regal ist leer? Super ärgerlich, oder? Aber keine Sorge, hier kommt der "Nachschub" ins Spiel!

Im Grunde ist Nachschub einfach das Auffüllen von Waren, damit sie immer verfügbar sind, wenn du sie brauchst. In der Geschäftswelt ist das ziemlich wichtig. Stell dir vor, ein beliebtes Produkt wäre ständig ausverkauft. Kunden wie du wären enttäuscht, und der Laden würde Geld verlieren. Also setzen Unternehmen Systeme ein, um sicherzustellen, dass immer genug Vorrat vorhanden ist.

Das funktioniert so: Ein Computersystem im Supermarkt überwacht ständig, wie viele Produkte verkauft werden. Wenn die Menge einer Ware unter einen bestimmten Punkt fällt, sendet das System automatisch eine Bestellung an den Lieferanten oder das Lager. Dort wird die Ware dann verpackt und zum Laden geschickt, um das Regal wieder aufzufüllen.

Aber es geht nicht nur um Supermärkte. Fast alle Unternehmen, von Autoteileherstellern bis zu Fast-Food-Restaurants, sind auf einen stetigen Nachschub ihrer Produkte oder Rohstoffe angewiesen, um reibungslos zu funktionieren.

Kurz gesagt: Nachschub ist der unsichtbare Held, der sicherstellt, dass deine Lieblingsprodukte immer verfügbar sind, wenn du sie brauchst. Das nächste Mal, wenn deine Lieblingschips wieder im Regal stehen, weißt du jetzt, dass im Hintergrund ein cleveres System am Werk war, um sie dorthin zu bringen!

Outsourcing: Warum Unternehmen manchmal Hilfe von außen holen

Stell dir vor, du organisierst eine riesige Party für all deine Freunde. Du möchtest, dass alles perfekt ist – Musik, Essen, Deko, alles! Aber, hier ist der Haken: Du kannst nicht alles alleine machen. Du bist gut im Musikmixen, aber beim Kochen? Nicht wirklich dein Ding. Also entscheidest du dich, einen Catering-Service zu beauftragen, der das Essen liefert. Im Grunde genommen hast du gerade das, was Unternehmen als "Outsourcing" bezeichnen, gemacht! Outsourcing bedeutet im Wesentlichen, dass ein Unternehmen bestimmte Aufgaben oder Dienstleistungen, die es normalerweise intern erledigen würde, an ein anderes Unternehmen auslagert. Der Hauptgrund dafür ist meistens Effizienz. Ein Unternehmen könnte feststellen, dass ein anderes Unternehmen diese spezielle Aufgabe besser, schneller oder günstiger erledigen kann.

Zurück zu unserem Partybeispiel: Du könntest versuchen, selbst für 50 Personen zu kochen, aber es wäre stressig, zeitaufwendig und könnte am Ende nicht so lecker schmecken. Ein Catering-Service hat jedoch das richtige Equipment, Erfahrung und die Fähigkeiten, um leckeres Essen für große Gruppen zuzubereiten. Also ist es für dich sinnvoller (und vielleicht sogar günstiger), das Kochen "auszulagern". In der Geschäftswelt kann Outsourcing viele Formen annehmen. Ein Unternehmen könnte beispielsweise seine IT-Dienstleistungen, Kundensupport, Buchhaltung oder sogar die Produktion bestimmter Produkte an spezialisierte Firmen auslagern. Natürlich gibt es sowohl Vor- als auch Nachteile beim Outsourcing. Ein Vorteil kann sein, Kosten zu sparen oder Zugang zu spezialisiertem Wissen zu bekommen. Ein Nachteil könnte jedoch sein, dass das Unternehmen die Kontrolle über diesen bestimmten Bereich verliert oder es zu Kommunikationsproblemen kommt.

Letztendlich ist Outsourcing wie das Bestellen von Pizza für eine Party. Ja, du könntest versuchen, selbst eine zu machen, aber manchmal ist es einfach sinnvoller, die Experten das tun zu lassen!

Paletten: Die unsichtbaren Helden des Transports

Jeder von uns hat schon mal Online-Bestellungen gemacht, oder? Ein neues T-Shirt, ein cooles Gadget oder vielleicht ein riesiger Sack Snacks. Aber hast du jemals darüber nachgedacht, wie diese Artikel zu dir nach Hause gelangen? Hier kommen die unsichtbaren Helden ins Spiel: Paletten.

Stell dir Paletten wie riesige "Untersetzer" für Waren vor. Sie sind flache, rechteckige Plattformen, meist aus Holz, auf denen Güter gestapelt werden, um sie leichter transportieren und lagern zu können. Statt dass ein Lagerarbeiter zehn einzelne Kartons von A nach B tragen muss, kann er einfach alle zehn Kartons auf eine Palette stapeln und die gesamte Palette mit einem Gabelstapler oder einem Hubwagen bewegen. Super effizient, oder?

Paletten sind in der Transport- und Logistikbranche allgegenwärtig. Wenn du jemals an einem Lagerhaus oder an einem LKW vorbeigekommen bist, hast du wahrscheinlich Stapel von leeren Paletten gesehen, die darauf warten, beladen zu werden. Es gibt verschiedene Arten von Paletten: Einwegpaletten, die nach der Verwendung oft entsorgt werden, und Mehrwegpaletten, die mehrmals verwendet werden. Sie können aus verschiedenen Materialien hergestellt sein, wie Holz, Plastik oder sogar Metall.

Aber warum sind Paletten so wichtig? Sie helfen nicht nur dabei, den Transport und die Lagerung zu vereinfachen, sondern sie schützen auch die Waren. Wenn Produkte korrekt auf Paletten gelagert werden, verringert sich das Risiko von Beschädigungen.
Außerdem ermöglichen Paletten es, dass Waren in großen Mengen schnell bewegt werden können, was besonders in unserer heutigen, schnellen Konsumwelt von Vorteil ist. Ohne sie würden Lieferungen viel länger dauern, und wer will schon länger auf sein neues T-Shirt oder seine Snacks warten?

Kurz gesagt, während Paletten unscheinbar und einfach erscheinen mögen, spielen sie eine riesige Rolle in der Welt des Transports und der Logistik. Sie sind wirklich die unsung Heroes, die sicherstellen, dass unsere Bestellungen pünktlich und in einem Stück ankommen!

Papierloses Büro: Die grüne Revolution im Arbeitszimmer

Du hast sicherlich schon von der Idee des "papierlosen Büros" gehört, oder? Nein, das bedeutet nicht, dass du deine Schreibwaren wegschmeißen musst! Aber in einer Welt, die immer digitaler wird, versuchen viele Unternehmen, den Gebrauch von Papier zu minimieren.

Stell dir vor, du gehst in ein Büro und siehst keine Aktenordner, keine Papierstapel und keine Kopiermaschinen. Stattdessen haben alle Computer, Tablets und digitale Speichersysteme. Das ist das Konzept eines papierlosen Büros! Der Hauptgrund dafür, auf Papier zu verzichten, ist der Umweltschutz. Wälder werden gerodet, um Papier herzustellen, was unseren Planeten schadet und zum Klimawandel beiträgt. Ein weiterer Vorteil ist, dass digitale Dokumente leichter zu organisieren und zu teilen sind. Wenn du jemals versucht hast, eine bestimmte Notiz in einem Haufen Papierkram zu finden, weißt du, wovon ich spreche! Ein papierloses Büro kann auch Kosten sparen. Man muss kein Geld für Papier, Drucker, Tinte oder Lagerung ausgeben. Außerdem ist es sicherer, da wichtige Dokumente digital verschlüsselt und geschützt werden können, statt in einem Schrank, der leicht geöffnet werden könnte. Es gibt aber auch Herausforderungen. Man muss sicherstellen, dass alle digitalen Daten gut gesichert sind und nicht verloren gehen. Und für manche Menschen ist es einfach angenehmer, ein physisches Dokument in der Hand zu haben, besonders wenn sie lange Texte lesen oder Notizen machen möchten.

Das Konzept des papierlosen Büros ist nicht neu, aber mit der heutigen Technologie wird es immer leichter umzusetzen. Vielleicht wirst du in Zukunft, wenn du ins Berufsleben einsteigst, in einem solchen Büro arbeiten. Und wer weiß, vielleicht fängst du schon jetzt an, weniger zu drucken und mehr digital zu organisieren – jeder kleine Schritt zählt!

Pick-by-Light: Das High-Tech-Shopping im Lager

Stell dir vor, du spielst ein Videospiel, indem du in einem riesigen Raum voller Regale stehst. Deine Aufgabe ist es, bestimmte Artikel so schnell wie möglich zu sammeln. Anstatt jedoch eine Liste zu haben, leuchten die gesuchten Artikel einfach auf. Das klingt doch nach einem unterhaltsamen Spiel, oder? In der echten Welt der Logistik gibt es so etwas tatsächlich, und es heißt "Pick-by-Light"! Pick-by-Light ist ein System, das in großen Lagern und Vertriebszentren verwendet wird, um den Mitarbeitern zu helfen, Artikel schnell und genau zu sammeln. Statt einer Papierliste zu folgen, haben die Regale kleine Lichter und Displays. Wenn ein Artikel benötigt wird, leuchtet das Licht auf und zeigt dem Mitarbeiter genau, welches Produkt und wie viele davon er nehmen muss.

Das ist nicht nur cool, sondern auch super effizient! Durch dieses System werden Fehler reduziert, weil es viel einfacher ist, einem blinkenden Licht zu folgen als eine Liste zu lesen und die Artikel manuell zu suchen. Außerdem spart es Zeit, was in der Welt der Logistik, wo alles schnell gehen muss, sehr wichtig ist.

Doch wie genau funktioniert das? Hinter den Kulissen ist ein Computer, der die Bestellungen verarbeitet und weiß, wo sich jeder Artikel im Lager befindet. Sobald eine Bestellung eingeht, sendet der Computer Signale an die entsprechenden Lichter im Lager, die dann aufleuchten und dem Mitarbeiter den Weg weisen.

Pick-by-Light ist nur eine der vielen coolen Technologien, die in der modernen Logistik verwendet werden. Es zeigt, wie die Kombination von Technologie und menschlicher Arbeit zu einer schnelleren und genaueren Arbeit führen kann. Das nächste Mal, wenn du etwas online bestellst und es superschnell bei dir ankommt, könnte es sein, dass Pick-by-Light dabei geholfen hat!

Pick-by-Voice: Wie dein Lieblingsassistent Siri beim Einkaufen hilft

Hast du jemals mit Siri, Alexa oder einem anderen Sprachassistenten gesprochen? Du stellst eine Frage und bekommst sofort eine Antwort. Jetzt stell dir vor, statt nach dem Wetter oder der nächsten Pizzeria zu fragen, bekommst du Anweisungen, welche Artikel du in einem riesigen Lager aufsammeln sollst. Genau das ist das Prinzip von "Pick-by-Voice"!

Pick-by-Voice ist ein modernes System, das in Lagern und Vertriebszentren eingesetzt wird, um den Prozess der Artikelzusammenstellung zu optimieren. Mitarbeiter tragen ein Headset, das mit einem Computer verbunden ist. Anstatt eine physische Liste von Artikeln zu haben oder auf blinkende Lichter zu warten, erhalten sie Sprachanweisungen direkt in ihr Ohr. Der Computer könnte beispielsweise sagen: "Gehe zu Regal A3 und nimm 5 blaue T-Shirts." Der Mitarbeiter folgt der Anweisung, bestätigt sie und wartet auf die nächste. Es klingt einfach, und das ist es auch – aber die Vorteile sind riesig. Pick-hy-Voice reduziert nicht nur Fehler, da die Mitarbeiter sich voll und ganz auf das Hören konzentrieren können, sondern es ermöglicht auch, dass die Hände und Augen frei sind, was die Sicherheit und Effizienz erhöht. Stell dir vor, du versuchst, eine schwere Kiste zu tragen, während du auf eine Liste schaust. Mit Pick-by-Voice kannst du dich auf das Heben konzentrieren, während dein "persönlicher Assistent" dir sagt, wohin du gehen sollst. Diese Technologie ist ein weiteres Beispiel dafür, wie die Logistikbranche ständig nach Wegen sucht, um Prozesse zu verbessern und schneller zu arbeiten. Das nächste Mal, wenn du ein Paket erhältst, denke daran, dass vielleicht jemand mit einem Headset und einer freundlichen Computerstimme im Ohr dabei geholfen hat, es für dich zusammenzustellen. Es ist, als hätte das Lager sein eigenes Siri- oder Alexa-System, das rund um die Uhr arbeitet!

Pick-Pack: Das schnelle Zwei-Schritte-System für deine On-line-Bestellungen

Stell dir vor, du bestellst ein cooles neues Videospiel und ein paar Snacks für die Gaming-Nacht online. Du bist aufgeregt und hoffst, dass alles schnell ankommt. Hinter den Kulissen deines Online-Shops läuft jetzt eine gut geölte Maschinerie an, um sicherzustellen, dass genau das passiert. Ein zentrales Element dieses Prozesses ist das sogenannte "Pick-Pack"-System.

"Pick" bedeutet, dass die Mitarbeiter in einem Lager oder Verteilzentrum deines Online-Händlers losziehen, um genau die Artikel zu "picken" (also auszuwählen), die du bestellt hast. Sie folgen dabei einer Liste oder vielleicht sogar einem digitalen System, das ihnen genau sagt, wo sie welchen Artikel finden. Das kann ein bisschen wie eine moderne Schatzsuche sein, bei der man genau das richtige Produkt unter Tausenden finden muss! Sobald alle Artikel gesammelt wurden, geht es zum zweiten Schritt: "Pack". Hier werden deine ausgewählten Produkte sicher und effizient verpackt, damit sie unbeschädigt bei dir ankommen. Das bedeutet nicht nur, dass sie in einen Karton gelegt werden, sondern auch, dass sie vielleicht mit Luftpolsterfolie oder anderen Materialien geschützt werden, damit dein Videospiel und deine Snacks in perfektem Zustand bei dir eintreffen. Dieser Pick-Pack-Prozess mag einfach klingen, aber er ist von entscheidender Bedeutung, um sicherzustellen, dass Online-Bestellungen korrekt und rechtzeitig ausgeführt werden. Vor allem, wenn man bedenkt, wie viele Bestellungen ein großer Online-Shop jeden Tag erhält!

Also, das nächste Mal, wenn du auf den "Bestellen"-Knopf klickst und ein paar Tage später ein Paket vor deiner Tür liegt, denke daran, was im Hintergrund passiert ist. Und wie das effiziente Pick-Pack-System dazu beigetragen hat, deine Gaming-Nacht perfekt zu machen!

Prozessoptimierung: Wie du Dinge smarter und effizienter gestalten kannst

Erinnerst du dich an das letzte Mal, als du dein Zimmer aufgeräumt hast? Vielleicht hast du gemerkt, dass es manchmal einfacher ist, Dinge an bestimmten Orten aufzubewahren oder dass es schneller geht, zuerst die Kleidung zu sortieren, bevor du sie wegräumst. Das, was du getan hast, könnte man als "Prozessoptimierung" bezeichnen – du hast den "Prozess" des Aufräumens verbessert.

Prozessoptimierung bezieht sich nicht nur auf Zimmer aufräumen, sondern wird vor allem in Unternehmen und Organisationen angewendet. Ziel ist es, Abläufe und Prozesse so zu gestalten, dass sie schneller, kostengünstiger und mit weniger Fehlern durchgeführt werden können. Es geht darum, die bestmögliche Lösung zu finden, um eine Aufgabe zu erledigen.

Ein einfaches Beispiel aus dem Alltag: Wenn du jeden Morgen zur Schule gehst und einen Umweg nimmst, um deinen Lieblingskaffee zu holen, könntest du überlegen, ob es einen schnelleren Weg gibt, der vielleicht an einem anderen tollen Café vorbeiführt. Du hast gerade den "Prozess" des Schulwegs optimiert, um Zeit zu sparen. In der Geschäftswelt können solche Optimierungen zu enormen Einsparungen und erhöhter Produktivität führen. Ein Unternehmen könnte zum Beispiel herausfinden, dass es günstiger ist, Rohstoffe von einem anderen Lieferanten zu kaufen oder dass ein bestimmtes Maschinenmodell die Produktion beschleunigt.

Prozessoptimierung ist also wie ein Lebens-Hack für Unternehmen. Es geht darum, ständig nach Möglichkeiten zu suchen, Dinge besser und effizienter zu machen. Und genau wie beim Aufräumen deines Zimmers kann das Ergebnis sehr befriedigend sein!

Qualitätssicherung: Warum deine Sneakers immer gleich gut aussehen sollten

Stell dir vor, du kaufst dir ein neues Paar Sneakers von deiner Lieblingsmarke. Sie sehen fantastisch aus, sind bequem und genau das, was du erwartet hast. Einige Monate später entscheidest du dich, ein zweites Paar in einer anderen Farbe zu kaufen. Aber oh Schreck! Dieses Mal sind sie irgendwie unbequem, die Nähte stehen ab, und sie sehen einfach nicht so gut verarbeitet aus wie das erste Paar. Hier kommt die Qualitätssicherung ins Spiel!

Qualitätssicherung (oft einfach "QS" genannt) ist der Prozess, mit dem Unternehmen sicherstellen, dass ihre Produkte oder Dienstleistungen immer den gleichen hohen Standard erfüllen. Es ist, als ob jemand in der Sneaker-Fabrik jedes Paar Schuhe überprüft, bevor es verkauft wird, um sicherzustellen, dass sie alle genauso gut sind wie das vorherige. Es geht nicht nur um Produkte. Qualitätssicherung kann auch bedeuten, dass ein Restaurant sicherstellt, dass jeder Burger, den es verkauft, genauso lecker ist wie der letzte, oder dass ein Computerspiel frei von Fehlern oder Bugs ist, bevor es veröffentlicht wird.

Unternehmen nutzen verschiedene Methoden, um Qualität sicherzustellen. Sie könnten zum Beispiel:

- **Stichproben nehmen:** Sie prüfen nicht jedes einzelne Produkt, sondern nur einige aus jeder Charge.
- **Tests durchführen:** Wie ein Videospiel mehrfach spielen, um sicherzustellen, dass es keine Fehler gibt.
- **Feedback von Kunden sammeln:** Wenn die Leute sich beschweren, dann wissen sie, dass sie ein Qualitätsproblem haben und können es beheben.

Die Qualitätssicherung ist superwichtig. Sie stellt sicher, dass du als Kunde zufrieden bist und Vertrauen in die Produkte oder Dienstleistungen hast, die du kaufst. Denn wer will schon ein Paar Sneakers, das nicht der erwarteten Qualität entspricht?

Rampenmanagement: Der Dirigent des Warenverkehrs

Stell dir vor, du organisierst eine Party und erwartest viele Gäste. Deine Freunde kommen zu unterschiedlichen Zeiten, und alle wollen natürlich irgendwo parken. Wäre es nicht cool, wenn du einen Plan hättest, der festlegt, wer wann ankommt und wo er parkt, sodass niemand lange warten muss und alles reibungslos abläuft? Das ist im Grunde das, was das Rampenmanagement in großen Lagern oder Vertriebszentren macht.

Ein Logistikzentrum kann man sich wie ein riesiges "Haus" vorstellen, in dem ständig Waren ein- und ausgehen. Es gibt viele "Türen" (Rampen), an denen Lkw ihre Fracht abladen oder abholen. Wenn zwei Lkw zur gleichen Zeit an der gleichen Rampe stehen wollen, gibt es ein Problem – genau wie wenn zwei deiner Freunde zur gleichen Zeit denselben Parkplatz wollen.

Rampenmanagement sorgt dafür, dass dies nicht passiert. Es ist ein System oder eine Software, das festlegt, wann welcher Lkw an welcher Rampe stehen soll. Das spart Zeit und Geld, denn ein wartender Lkw kostet Geld und kann andere Prozesse verzögern. Das Rampenmanagement achtet darauf, dass jeder Lkw genau weiß, wann er wo sein muss, damit alles flüssig läuft.

Also, das nächste Mal, wenn du an einem großen Lager vorbeifährst und siehst, wie reibungslos die Lkw ein- und ausfahren, denke daran: Es gibt ein cleveres Rampenmanagement im Hintergrund, das dafür sorgt, dass alles wie am Schnürchen läuft – ähnlich wie bei deiner perfekt organisierten Party!

Retoure: Warum Online-Shopping manchmal zwei Wege geht

Du kennst das sicherlich: Du surfst im Internet, siehst dieses coole T-Shirt oder die stylischen Sneakers, klickst auf "Kaufen" und kannst es kaum erwarten, dass der Postbote klingelt. Doch dann kommt die Ernüchterung: Die Schuhe drücken oder das T-Shirt sieht in echt ganz anders aus als auf dem Bild. Was jetzt? Zum Glück gibt es die Möglichkeit der Retoure!

"Retoure" ist eigentlich nur ein schicker Begriff für "Rücksendung". Das bedeutet, wenn du mit einer Bestellung aus einem Online-Shop nicht zufrieden bist, kannst du sie normalerweise innerhalb einer bestimmten Frist (z. B. 14 Tage) kostenlos zurücksenden. Die Gründe können vielfältig sein: Der Artikel passt nicht, gefällt nicht oder hat sogar einen Defekt.

Die Schritte sind meistens ziemlich einfach:

- **Rücksendeformular ausfüllen:** Dieses liegt oft schon im Paket bei oder du musst es online ausdrucken.
- **Verpacken:** Artikel wieder ins Paket legen, oft in die Originalverpackung.
- **Verschicken:** Mit dem beiliegenden oder selbst ausgedruckten Rücksende-Etikett gehst du zur Post oder einem Paketshop und schickst es zurück.

Und dann? Nach einiger Zeit erhältst du entweder dein Geld zurück oder, falls gewünscht, einen Ersatzartikel.

Retouren sind zwar super für uns Käufer, können für Unternehmen aber auch eine Herausforderung sein. Sie müssen die zurückgeschickten Produkte überprüfen, wieder einlagern oder manchmal sogar wegwerfen, wenn sie nicht mehr verkäuflich sind.

Ein kleiner Tipp am Rande: Überleg dir gut, ob und wie viel du bestellst. Klar, es ist einfach, mehrere Größen zur Auswahl zu bestellen, aber massenhaftes Hin- und Herschicken ist nicht gerade umweltfreundlich. Doch in Sachen Kundenservice sind Retouren ein echt starkes Tool, damit du als Kunde zufrieden bleibst und gerne wieder einkaufst.

Reverse Logistics (Rückwärtslogistik): Der Rückweg zählt auch!

Du kennst sicher das Gefühl: Du bestellst etwas online, und dann passt oder gefällt es dir nicht. Was machst du? Du schickst es zurück. Aber hast du dich jemals gefragt, was mit diesem zurückgesendeten Produkt passiert? Hier kommt die "Rückwärtslogistik" ins Spiel!

Normalerweise denken wir bei Logistik an den Prozess, bei dem Waren von A nach B transportiert werden, z.B. vom Hersteller zum Händler oder direkt zu uns nach Hause. Aber was passiert, wenn die Waren den umgekehrten Weg nehmen müssen? Reverse Logistics, also Rückwärtslogistik, beschäftigt sich genau damit. Es geht um alle Prozesse, die aktiviert werden, wenn Waren aus irgendeinem Grund den Weg zurück zum Verkäufer oder Hersteller nehmen. Das kann wegen Retouren sein, wie bei deinem nicht passenden Online-Kauf, aber auch wegen Garantiefällen, Reparaturen oder sogar Recycling.

Die Rückwärtslogistik ist superwichtig. Sie stellt sicher, dass zurückgegebene Produkte effizient bearbeitet werden. Das kann bedeuten, dass sie überprüft, repariert und dann wieder verkauft werden. Oder dass sie ordnungsgemäß recycelt werden, wenn sie nicht mehr brauchbar sind. Stell dir vor, wie komplex das sein kann, besonders für große Unternehmen mit tausenden von Retouren jeden Tag! Deshalb gibt es ganze Abteilungen und spezielle Softwarelösungen, die sich nur um die Rückwärtslogistik kümmern.

Das Coole daran? Ein gutes Rückwärtslogistik-System ist nicht nur gut für Unternehmen (weil sie Geld sparen), sondern auch für uns (weil wir wissen, dass unsere Retouren richtig behandelt werden) und für den Planeten (durch besseres Recycling und weniger Abfall). So zeigt sich, dass es nicht nur darauf ankommt, wie Dinge zu uns kommen, sondern auch, wie sie zurückgehen!

RFID (Radiofrequenz-Identifikation): Das magische Etikett

Stell dir vor, du gehst in einen Laden und anstatt jeden Artikel einzeln an der Kasse zu scannen, registriert die Kasse automatisch alles, was in deinem Einkaufswagen liegt, in Sekundenschnelle. Klingt wie Magie, oder? Dieser "Zauber" heißt RFID!

RFID steht für "Radiofrequenz-Identifikation". Vereinfacht gesagt, handelt es sich dabei um ein System, mit dem man Objekte über Funkwellen identifizieren kann. Jedes RFID-Tag, eine Art Etikett, hat einen kleinen Chip und eine Antenne. Wenn dieser Tag von einem RFID-Lesegerät "gefragt" wird: "Wer bist du?", sendet der Chip eine Antwort zurück mit seiner spezifischen Identifikationsnummer. Das ist ungefähr so, als würde man einem Freund aus der Ferne zuwinken und er würde zurückwinken, um zu zeigen, dass er dich erkannt hat. Nur dass dies in der Welt von RFID über Funkwellen geschieht. Die Anwendungen von RFID sind unglaublich vielfältig. In Geschäften kann es helfen, den Lagerbestand zu überwachen oder Diebstahl zu verhindern. In Bibliotheken kann es das Auschecken von Büchern beschleunigen. Es wird sogar in einigen Reisepässen und Zahlungskarten verwendet, um Daten schnell und berührungslos auszulesen.

Aber wie bei jeder Technologie gibt es auch Bedenken. Einige Menschen machen sich Sorgen um ihre Privatsphäre, da RFID-Tags aus der Ferne und ohne ihr Wissen gelesen werden können. Deshalb arbeiten Experten daran, sicherzustellen, dass unsere Daten sicher sind und nicht missbraucht werden.

Also, jedes Mal, wenn du in der Zukunft etwas siehst, das automatisch und wie von Zauberhand gescannt wird, denk daran: Das ist die Magie von RFID in Aktion!

Roll-on/Roll-off: Die Autobahn für Schiffe

Hey, stell dir vor, du hättest ein Spielzeugauto und möchtest es auf einem Boot über einen Teich transportieren, ohne es aus der Verpackung zu nehmen. Wie würdest du das machen? Ganz einfach: Mit dem Prinzip des "Roll-on/Roll-off"!

"Roll-on/Roll-off", oft einfach als "RoRo" bezeichnet, beschreibt eine Methode, um Fahrzeuge (wie Autos, Busse oder Lkw) auf große Schiffe zu verladen, indem sie einfach an Bord gefahren werden. Das ist so, als würdest du dein Spielzeugauto auf ein Spielzeugboot rollen lassen. Das Tolle daran ist, dass die Fahrzeuge nicht mit Kränen oder anderen Geräten gehoben werden müssen. Stattdessen nutzen sie riesige Rampen, um direkt auf das Schiff zu fahren und nach der Überfahrt wieder herunter. Stell dir ein riesiges schwimmendes Parkhaus vor, und du hast eine ziemlich gute Vorstellung davon, wie ein RoRo-Schiff von innen aussieht. Diese Schiffe sind speziell dafür konzipiert, viele Fahrzeuge gleichzeitig zu transportieren, wodurch sie besonders nützlich sind, um beispielsweise neue Autos von einem Land in ein anderes zu bringen.

Das RoRo-System ist nicht nur effizient, sondern auch ziemlich cool. Es ist faszinierend zu sehen, wie riesige Schiffe als schwimmende Garagen fungieren, in die Fahrzeuge hinein- und wieder herausrollen. Das nächste Mal, wenn du am Hafen bist und ein solches Schiff siehst, denke daran: Es ist wie eine Autobahn auf dem Wasser!

Routenplanung: Wie dein Handy weiß, wo's lang geht

Hey, kennst du das auch? Du möchtest zu einem neuen Ort fahren oder laufen, und anstatt eine Karte aus Papier auszubreiten, nimmst du einfach dein Handy, tippst das Ziel ein und los geht's. Aber hast du dich je gefragt, wie genau diese Technologie funktioniert? Das alles hat mit der Routenplanung zu tun!

Die Routenplanung ist im Grunde genommen ein großes Rätsel, bei dem es darum geht, den schnellsten oder kürzesten Weg von Punkt A nach Punkt B zu finden. Früher mussten die Leute diese Rätsel von Hand lösen – stell dir das mal vor! Heutzutage übernehmen Computerprogramme und Apps diese Arbeit. Sie nutzen riesige Datenbanken, die Informationen über Straßen, Wege, Verkehr, Baustellen und viele andere Faktoren enthalten.

Wenn du also dein Ziel in eine App wie Google Maps oder Waze eingibst, berechnet diese blitzschnell verschiedenen möglichen Routen. Sie berücksichtigt dabei aktuelle Verkehrsinformationen und sogar, ob es irgendwo Staus oder Umleitungen gibt. Das Ziel? Dir den bestmöglichen Weg zu zeigen, damit du pünktlich und stressfrei ankommst.

Aber die Routenplanung beschränkt sich nicht nur auf den Straßenverkehr. Auch Lieferunternehmen nutzen sie, um sicherzustellen, dass Pakete so schnell und effizient wie möglich zugestellt werden. Oder denke an Bus- und Bahnunternehmen, die ihre Fahrpläne und Routen optimieren wollen.

Kurz gesagt, dank der modernen Routenplanung können wir uns heute leichter denn je orientieren und unsere Ziele erreichen. Und das Beste daran? Du brauchst keine riesige, unhandliche Karte mehr, sondern hast alles, was du brauchst, direkt in deiner Tasche!

Rückverfolgbarkeit: Warum es cool ist, zu wissen, woher Dinge kommen

Okay, stell dir vor, du hast diese mega leckere Schokolade gegessen und fragst dich, woher eigentlich die Kakaobohnen stammen. Oder du hast ein neues T-Shirt und möchtest herausfinden, wo und wie es produziert wurde. Hier kommt die Rückverfolgbarkeit ins Spiel!

Rückverfolgbarkeit bedeutet im Grunde, dass man den Weg eines Produktes oder einer Zutat von Anfang bis Ende nachverfolgen kann. Das ist wie bei einem Detektivspiel, bei dem du den genauen Weg eines Gegenstandes zurückverfolgst. Warum ist das cool? Nun, es gibt viele Gründe:

Transparenz: Du kannst sicher sein, dass die Unternehmen ehrlich zu dir sind. Wenn sie sagen, ihre Produkte sind bio oder fair gehandelt, kannst du das überprüfen. Qualität: Wenn Unternehmen wissen, dass Kunden wie du ihre Produkte zurückverfolgen können, arbeiten sie oft härter daran, sicherzustellen, dass alles von hoher Qualität ist. Verantwortung: Rückverfolgbarkeit kann Unternehmen dazu bringen, ethisch korrekter zu handeln. Sie wissen, dass, wenn sie unsauber arbeiten, es Menschen gibt, die das herausfinden könnten. Wie funktioniert das Ganze? Technologie macht's möglich! Dank moderner Techniken wie Barcodes, QR-Codes oder sogar Blockchain (ja, das Ding von den Kryptowährungen) können Produkte und ihre Bestandteile genau verfolgt werden. Manchmal kannst du einfach einen Code mit deinem Handy scannen und direkt sehen, woher die Zutaten eines Produktes kommen, wer es gemacht hat und wie es zu dir gelangt ist.

Am Ende des Tages bedeutet Rückverfolgbarkeit also, dass du eine klarere Vorstellung davon hast, was du kaufst, isst oder trägst. Es gibt dir die Macht zu wissen, und das, finde ich, ist ziemlich cool!

Sammelgutverkehr: Der clevere Weg, Dinge zu verschicken

Kennst du das? Du bestellst etwas online, und es kommt in einem riesigen Lieferwagen an, obwohl es nur ein kleines Päckchen ist. Ziemlich ineffizient, oder? Hier kommt der Sammelgutverkehr ins Spiel, eine Art, Transporte klüger und effizienter zu gestalten.

Der Sammelgutverkehr bezieht sich auf das Prinzip, viele kleine Sendungen von unterschiedlichen Absendern zu einem größeren Transport zusammenzufassen. Stell dir vor, du und deine Freunde wollt alle etwas in die gleiche Stadt schicken. Anstatt dass jeder von euch einen eigenen Lieferwagen mietet, packt ihr alles zusammen in einen großen Lkw. Das spart Geld, Zeit und ist auch besser für die Umwelt! Unternehmen, die im Sammelgutverkehr arbeiten, sammeln also kleine Sendungen von verschiedenen Kunden und organisieren sie so, dass sie gemeinsam zu verschiedenen Zielen transportiert werden können. Am Zielort wird die Fracht dann wieder getrennt und an die einzelnen Empfänger ausgeliefert. Der Vorteil? Es ist oft günstiger als Einzelsendungen, da die Kosten für den Transport auf viele Kunden aufgeteilt werden. Außerdem wird so der Straßenverkehr entlastet, weil weniger Fahrzeuge unterwegs sind.

Aber es gibt auch Herausforderungen: Die Logistik hinter dem Sammelgutverkehr ist ziemlich komplex. Man muss sicherstellen, dass alles rechtzeitig und am richtigen Ort ankommt. Das erfordert gute Organisation und manchmal auch moderne Technologie.

Insgesamt ist der Sammelgutverkehr also eine ziemlich coole Sache. Es ist eine kluge Art, Dinge zu versenden, die uns allen hilft, Geld zu sparen und den Planeten ein bisschen grüner zu machen. Cool, oder?

Sattelzug: Der Riese der Straßen

Stell dir vor, du fährst mit dem Fahrrad oder dem Auto, und plötzlich überholst du oder wirst von einem dieser riesigen LKW überholt, bei denen du denkst: "Wow, der ist lang!" Die Chancen stehen gut, dass du gerade einen Sattelzug gesehen hast.

Ein Sattelzug besteht im Grunde aus zwei Teilen:

- **Die Sattelzugmaschine (SZM):** Das ist der vordere Teil, den man auch als "LKW" bezeichnet. Hier sitzt der Fahrer, steuert das Fahrzeug und hat oft auch eine Schlafkabine dabei, besonders wenn er auf Langstrecken unterwegs ist.
- **Der Sattelauflieger:** Das ist der hintere, große Anhänger. Er wird nicht direkt am Boden durch Achsen getragen, sondern "sattelt" quasi auf der SZM auf – daher der Name.

Was ist nun das Besondere an einem Sattelzug? Durch seine Bauweise kann der Fahrer den Auflieger recht einfach wechseln. Das ist super praktisch! Stell dir vor, er liefert eine Ladung Obst in einem Supermarkt und muss danach noch Möbel in ein Möbelhaus bringen. Er kann einfach den leeren Obst-Auflieger abkoppeln, einen vollen Möbel-Auflieger anhängen und weiter geht's. Ohne die ganze Zugmaschine austauschen zu müssen.

Sattelzüge sind ein zentraler Bestandteil unserer Wirtschaft und Logistik. Sie transportieren Waren quer durchs Land und sogar über Ländergrenzen hinweg. Aber sie erfordern auch eine besondere Fahrerlaubnis und viel Geschick beim Lenken, besonders in engen Stadtstraßen oder beim Rückwärtsfahren. Wenn du also mal wieder einen auf der Straße siehst, weißt du jetzt, was es mit diesem beeindruckenden Fahrzeug auf sich hat.

Schnittstelle (API): Wie Apps miteinander sprechen

Stell dir vor, du bist in einem riesigen Einkaufszentrum. Du möchtest einen Burger von deinem Lieblings-Imbiss bestellen, aber du willst nicht selbst dorthin gehen und in der Schlange stehen. Stattdessen gibt es einen Boten, der das für dich erledigt. Du gibst ihm einfach deine Bestellung, und er holt den Burger für dich.

Genau das ist, was in der digitalen Welt mit einer "API", also einer "Application Programming Interface" (auf Deutsch: Anwendungsprogrammierschnittstelle) passiert. Sie ist wie dieser Boten.

Wenn du z.B. eine Wetter-App auf deinem Handy öffnest, die dir das aktuelle Wetter zeigt, dann geht die App nicht selbst "nach draußen", um das Wetter zu checken. Stattdessen "fragt" sie über eine API eine Wetter-Datenbank im Internet. Diese Datenbank antwortet mit den aktuellen Wetterinfos, und die App zeigt sie dir an.

Es ist im Grunde ein Mittler, der es verschiedenen Software-Anwendungen ermöglicht, miteinander zu "sprechen" und Daten auszutauschen, ohne dass sie genau wissen müssen, wie die andere Software "drinnen" aussieht oder funktioniert.

APIs sind überall. Wenn du auf einer Website bist und sie dir Vorschläge für nahegelegene Restaurants macht, basierend auf deinem Standort, oder wenn du in einer App ein YouTube-Video siehst, sind APIs am Werk. Sie sorgen dafür, dass unsere digitalen Erfahrungen reibungslos und integriert sind, indem sie Informationen von einem Ort zum anderen transportieren. So wie der Boten im Einkaufszentrum, der deinen Burger holt.

Seefracht: Die Reise deines Smartphones über die Ozeane

Stell dir vor, du stehst am Strand und schaust aufs offene Meer. Zwischen dir und dem Horizont bewegen sich riesige Schiffe, die schwer beladen von einem Kontinent zum anderen segeln. Was du da siehst, ist ein Teil des riesigen Netzwerks der Seefracht.

Aber was ist Seefracht genau? Einfach ausgedrückt, ist es der Prozess, Waren mit Schiffen über die Weltmeere zu transportieren. Obwohl Flugzeuge schneller sind, transportieren Schiffe den Großteil der globalen Fracht, weil sie unglaublich viel mehr Gewicht tragen können. Das ist so, als würdest du statt einem Rucksack einen riesigen Koffer mitnehmen – nur dass dieser Koffer so groß wie ein Fußballfeld ist! Dein Smartphone, die Kleidung, die du trägst, oder das Spielzeug, mit dem du als Kind gespielt hast – vieles davon hat wahrscheinlich eine lange Reise per Seefracht hinter sich. Diese Reise beginnt oft in großen Produktionsländern wie China und endet in Häfen in Europa, Amerika oder woanders. Ein cooles Detail: Die Waren werden nicht einfach so auf das Schiff geladen. Sie werden in riesige Boxen gepackt, die als Container bezeichnet werden. Diese Container sind genormt, sodass sie einfach gestapelt und sowohl auf Schiffen als auch auf Lkw oder Zügen transportiert werden können.

Aber Seefracht ist nicht immer einfach. Schiffe müssen manchmal schwierige Wetterbedingungen überstehen, und in den Häfen kann es zu Verzögerungen kommen, wenn es zu viele Schiffe gibt, die gleichzeitig anlegen wollen.

Trotzdem, wenn du das nächste Mal ein Produkt in der Hand hältst, das aus einem anderen Land kommt, überlege mal, welche Reise es hinter sich hat. Es ist ziemlich beeindruckend, wie verbunden unsere Welt durch die Seefracht ist!

Sendungsverfolgung: Dein Paket auf digitaler Reise

Du hast sicherlich schon einmal etwas online bestellt, oder? In dem Moment, in dem du auf "Kaufen" klickst, beginnt nicht nur die reale Reise deines Pakets, sondern auch seine digitale Reise. Diese digitale Reise nennt man "Sendungs-verfolgung".

Stell dir die Sendungsverfolgung wie ein digitales Tagebuch deines Pakets vor. Jedes Mal, wenn das Paket einen wichtigen Punkt auf seiner Reise erreicht, wird ein neuer Eintrag gemacht. Ob es nun das Lager verlässt, in ein Lieferfahrzeug geladen wird oder an einer Zwischenstation eintrifft - all diese Schritte werden erfasst und können von dir online eingesehen werden. Das Tolle daran: Du kannst quasi in Echtzeit sehen, wo sich dein Paket gerade befindet und wann es voraussichtlich bei dir ankommt. Diese Transparenz gibt dir ein Gefühl von Sicherheit und Kontrolle. Vorbei sind die Zeiten, in denen du dich fragen muss-test, ob dein Paket verloren gegangen ist oder warum es so lange dauert. Hinter der Sendungsverfolgung steckt eine Menge Technologie. Barcode-Scanner, GPS-Systeme und Datenbanken arbeiten alle zusammen, um die Position und den Status deines Pakets ständig zu aktualisieren. Zum Abschluss eine kleine Anekdote: Vielleicht erinnern sich einige an die Zeiten, in denen man noch zum Nachbarn gehen und fragen musste, ob vielleicht ein Paket für einen abgege-ben wurde, weil man nicht daheim war. Heute, dank Sendungsverfolgung, wis-sen wir oft schon vorab, wann das Paket ankommt und können entsprechend planen.

Die digitale Welt hat also nicht nur das Shopping revolutioniert, sondern auch die Art und Weise, wie wir unsere Einkäufe nachverfolgen. Es ist ein bisschen so, als würde man seinem Paket auf einer spannenden Reise folgen, bis es endlich daheim ankommt.

Spediteur: Der Dirigent des Warenverkehrs

Okay, stell dir vor, du möchtest eine riesige Geburtstagsparty schmeißen und brauchst Hilfe, um Snacks, Getränke und Partyzubehör aus verschiedenen Geschäften zu organisieren. Du würdest wahrscheinlich einen Freund bitten, der alles koordiniert, sodass du nicht fünfmal in die Stadt fahren musst, oder? In der Welt des Warenverkehrs gibt es eine ähnliche "Hilfsperson", und die nennt man Spediteur.

Ein Spediteur ist quasi der "Party-Planer" für Waren. Wenn ein Unternehmen Produkte von A nach B transportieren möchte - sei es innerhalb eines Landes oder international - kommt oft ein Spediteur ins Spiel. Er plant die Route, wählt die besten Transportmittel (zum Beispiel Lkw, Schiff oder Flugzeug) und sorgt dafür, dass alles reibungslos abläuft. Außerdem kennt er sich mit den ganzen Formalitäten aus, die beim Warentransport anfallen, wie zum Beispiel Zollpapiere oder andere wichtige Dokumente.

Man kann sich einen Spediteur also wie einen Mittelsmann vorstellen, der den gesamten Transportprozess steuert. Er hat Kontakte zu verschiedenen Transportunternehmen und kann somit die besten Preise und schnellsten Routen auswählen. Außerdem sorgt er dafür, dass alles sicher und pünktlich am Bestimmungsort ankommt.

Kurz gesagt, ein Spediteur ist derjenige, der im Hintergrund die Fäden zieht, damit unsere Waren immer genau da ankommen, wo wir sie haben möchten, und das ohne großes Chaos. Ein bisschen wie der unsichtbare Held der Logistikwelt!

Speditionsauftrag: Das "Ticket" für deine Ware

Stell dir vor, du möchtest ein großes Paket an einen Freund in einer anderen Stadt senden. Du gehst zur Post oder zu einem Paketdienst, gibst deine Sendung ab und erhältst eine Quittung, die besagt, dass sie das Paket annehmen und zu deinem Freund bringen werden. In der Welt der großen Warentransporte und Logistik gibt es eine ähnliche "Quittung", und die nennt man Speditionsauftrag.

Der Speditionsauftrag ist quasi das Ticket oder der Vertrag zwischen dem Absender der Ware (das könntest zum Beispiel du sein) und dem Spediteur (der "Transportprofi", der die Ware befördert). In diesem Auftrag stehen alle wichtigen Informationen: Was genau wird transportiert? Wie groß und wie schwer ist die Sendung? Wo soll sie hin? Bis wann soll sie ankommen? Und wie viel wird das Ganze kosten?

Außerdem können im Speditionsauftrag besondere Anweisungen oder Wünsche festgehalten werden. Zum Beispiel, ob die Ware besonders vorsichtig behandelt werden muss, weil sie zerbrechlich ist, oder ob sie zu einer bestimmten Tageszeit geliefert werden soll. Das Tolle am Speditionsauftrag ist, dass er beide Parteien absichert. Der Absender hat einen schriftlichen Beleg dafür, dass der Spediteur sich verpflichtet, die Ware korrekt zu transportieren. Und der Spediteur hat alle wichtigen Infos schwarz auf weiß, damit er den Auftrag so gut wie möglich ausführen kann.

Kurz gesagt, der Speditionsauftrag ist wie das Ticket, das du beim Einchecken deines Koffers am Flughafen bekommst: Er bestätigt, dass jemand anderes sich um deinen "Schätzchen" kümmert und dafür sorgt, dass alles sicher und pünktlich am Ziel ankommt.

Speditionssoftware: Das "Computerspiel" für Transportprofis

Du kennst sicherlich Computerspiele, bei denen du Städte aufbaust, Handelsrouten planst oder komplexe Aufgaben lösen musst. Jetzt stell dir vor, es gibt ein ähnliches "Spiel", aber es ist nicht nur zum Spaß da, sondern hilft echten Menschen, echte Jobs zu erledigen. Genau das ist Speditionssoftware!

Speditionssoftware ist ein spezielles Computerprogramm, das Spediteuren, also den Leuten, die den Transport von Waren organisieren, hilft, ihren Job besser und schneller zu machen. Statt mühsam auf Papier oder in Excel-Tabellen alle Informationen zu notieren – wie "Woher kommt die Ware?", "Wohin muss sie?", "Wie schwer ist sie?", "Welcher LKW ist verfügbar?" – gibt man all diese Infos in die Software ein, und sie spuckt die beste Lösung aus.

Es ist so, als würdest du in einem Spiel Ressourcen verwalten: Du musst sicherstellen, dass du genügend Transportmittel hast, dass diese rechtzeitig am richtigen Ort sind und dass alles so effizient wie möglich abläuft. Dabei helfen dir die Speditionssoftware mit automatisierten Prozessen, Datenanalysen und cleveren Algorithmen. Doch das ist noch nicht alles. Diese Software kann auch mit anderen Systemen kommunizieren. Wenn zum Beispiel ein Kunde wissen möchte, wo seine Lieferung gerade ist, kann die Software über GPS-Daten den aktuellen Standort des LKWs anzeigen. Das nennt man Sendungsverfolgung.

Die Speditionssoftware macht also im Grunde das Leben eines Spediteurs einfacher und sorgt dafür, dass Waren so schnell, sicher und kostengünstig wie möglich von A nach B kommen. Und obwohl es sich nicht um ein "Spiel" im klassischen Sinne handelt, erfordert es genauso viel Strategie und Planung, um alles reibungslos laufen zu lassen.

Sperrgut: Der Gigant in der Postwelt

Kennst du das? Du bestellst etwas online, und als das Paket ankommt, ist es riesig und unhandlich? Oder vielleicht hast du schon einmal versucht, deinen alten Skateboard-Rampe oder dein Riesenplakat von deiner Lieblingsband zu verschicken und die normale Post hat gesagt: "Ähm, das ist zu groß!"? Hier kommt das Sperrgut ins Spiel.

Sperrgut bezeichnet Dinge, die aufgrund ihrer Größe oder ihres Gewichts nicht als normales Paket verschickt werden können. Es ist das, was man sich unter einem "Übergrößen-Paket" vorstellen könnte. Ob es nun Möbelstücke sind, die man verkauft hat, oder das aufblasbare Einhorn für den Pool - manchmal ist das, was man verschicken will, einfach zu sperrig für die Standardpakete.

Doch das Versenden von Sperrgut ist nicht immer einfach. Es kostet meistens mehr als ein normales Paket, da es spezielle Anforderungen an den Transport und die Lieferung stellt. Der Postbote kann es nicht einfach in seinen normalen Wagen werfen. Oft braucht es spezielle Fahrzeuge oder zumindest zusätzliche Helfer, um das Sperrgut sicher zum Ziel zu bringen.

Wenn du also das nächste Mal ein Riesenpaket bekommst oder verschicken willst, denk daran, dass hinter den Kulissen eine Menge Logistik steckt, um sicherzustellen, dass dein Sperrgut sicher und in einem Stück ankommt. Es ist eine Herausforderung für die Versanddienste, aber sie sorgen dafür, dass auch die größten und sperrigsten Dinge ihren Weg zu dir oder von dir weg finden. Und das ist ziemlich cool, oder?

LKW-Spotmarkt: Sofortige Transportlösungen ohne Umwege

Stell dir vor, du möchtest mit deinen Freunden einen spontanen Roadtrip machen, aber keiner von euch hat ein Auto. Du gehst also in eine App und findest jemanden in deiner Nähe, der genau dann Zeit hat, euch zu fahren, wenn ihr loswollt. Ihr einigt euch auf den Preis, steigt ein, und los geht's!

So ähnlich funktioniert der LKW-Spotmarkt – nur eben für Unternehmen und mit großen LKWs statt mit Autos. Wenn eine Firma spontan etwas verschicken muss und gerade kein eigener LKW oder Vertrag mit einem Transportunternehmen zur Verfügung steht, wendet sie sich an den Spotmarkt. Dort finden sie LKW-Fahrer oder Speditionen, die genau dann Zeit und Platz haben, wenn die Firma die Ware loswerden will. Es ist also quasi ein "spontanes Matchmaking" für Fracht und Transportmittel.

Der Preis auf dem Spotmarkt wird oft durch Angebot und Nachfrage bestimmt. Wenn viele LKWs verfügbar sind, aber nur wenige Firmen etwas verschicken wollen, wird es günstiger. Ist es umgekehrt, können die Preise steigen.

Zusammengefasst: Der LKW-Spotmarkt ist wie eine spontane Mitfahrgelegenheit, aber für Waren und Güter. Unternehmen können hier kurzfristig und flexibel Transportlösungen finden, ohne lange Verträge oder Wartezeiten.

Supply Chain Management: Das Geheimnis hinter deinem Lieblingssneaker

Stell dir vor, du kaufst dir das neueste Paar Sneaker deiner Lieblingsmarke. Aber hast du dich je gefragt, wie diese Schuhe genau zu dir gelangen? Wie kommen die Materialien dafür aus der ganzen Welt an einen Ort, um zu diesem einen Paar Schuhe verarbeitet zu werden, und wie gelangen sie dann pünktlich in den Laden oder direkt zu dir nach Hause? All diese Fragen hängen mit etwas zusammen, das man "Supply Chain Management" (SCM) nennt.

SCM ist im Grunde genommen die Kunst und Wissenschaft, Produkte von A nach B zu bekommen, und das in der effizientesten und kostengünstigsten Weise. Es geht darum, alle Schritte zu planen, zu steuern und zu überwachen, von der ersten Idee eines Produkts bis hin zum Moment, in dem du es in den Händen hältst.

Dabei geht es nicht nur um Transport. Es geht um die Zusammenarbeit von Lieferanten, Herstellern, Großhändlern und Einzelhändlern. Ein kleines Problem in einem Teil der Kette kann große Auswirkungen auf das gesamte System haben. Stell dir vor, ein Materiallieferant hat Verspätung - das könnte bedeuten, dass die Produktion deiner Sneaker sich verzögert, was wiederum bedeutet, dass sie später im Laden oder bei dir ankommen. Die Hauptziele von SCM sind, die Kosten zu minimieren, die Effizienz zu maximieren und sicherzustellen, dass Kunden, wie du, zufrieden sind. Mit fortschreitender Technologie, wie Künstlicher Intelligenz und Echtzeit-Datentracking, wird SCM immer ausgefeilter. Also, das nächste Mal, wenn du dir ein neues Paar Sneaker oder irgendein anderes Produkt anschaust, bedenke all die Arbeit und Planung, die im Hintergrund stattfindet, um es in deine Hände zu bekommen. Das Supply Chain Management sorgt dafür, dass die Welt des Handels reibungslos funktioniert, und das ist ziemlich beeindruckend!

Telematik: Wenn Technik Auto und Smartphone verbindet

Okay, stell dir vor, du hast ein cooles neues Videospiel, in dem du verschiedene Autos steuerst. Im Spiel bekommst du ständig Echtzeit-Updates: Wie viel Benzin ist noch im Tank? Wie schnell fährt das Auto? Gab es einen Unfall? Diese Informationen helfen dir, im Spiel bessere Entscheidungen zu treffen.

Jetzt übertrage dieses Konzept auf die echte Welt. Telematik macht genau das. Es ist eine Technologie, die Fahrzeuge mit Computern oder Smartphones verbindet und so in Echtzeit eine Menge nützlicher Daten liefert. Das kann alles Mögliche sein, von der aktuellen Position des Fahrzeugs über seinen Kraftstoffverbrauch bis hin zu Wartungsbedarf oder Unfällen.

Viele LKW- und Transportunternehmen nutzen Telematiksysteme. Sie können so genau wissen, wo ihre Fahrzeuge sind, wie sie fahren oder wann sie ankommen. Aber nicht nur in der Logistik, auch im Alltag wird Telematik immer beliebter. Vielleicht hast du schon von Autos gehört, die dir aufs Handy melden, wenn sie einen Parkplatz gefunden haben oder wenn sie gewartet werden müssen. All das ist dank Telematik möglich.

Kurz gesagt, Telematik ist wie das coole Echtzeit-Info-Feature in deinem Lieblingsspiel, nur für echte Fahrzeuge. Dank dieser Technologie können wir besser verstehen, was mit unseren Autos, LKWs oder sogar Schiffen passiert, während sie unterwegs sind.

TEU: Das Maßband der Seefracht

Wenn du schon einmal an einem Hafen warst oder zumindest Bilder davon gesehen hast, sind dir sicherlich diese riesigen, bunten Container aufgefallen, die auf riesigen Schiffen gestapelt sind. Sie sind so eine Art "Lego-Steine" der globalen Handelswelt. Aber wie misst man die Kapazität eines solchen Containerschiffs oder wie vergleicht man die Menge an Waren, die sie transportieren können?

Hier kommt die "TEU" ins Spiel, was für "Twenty-foot Equivalent Unit" steht. Stell dir TEU als eine Art Maßeinheit vor, ähnlich wie man Meter oder Kilogramm verwendet. Eine TEU repräsentiert den Raum eines Standard-Containers, der 20 Fuß (ca. 6 Meter) lang ist. Es gibt auch 40-Fuß-Container, und diese zählen als zwei TEUs.

Warum ist das wichtig? Stell dir vor, du bist ein Unternehmen, das 500 Fernseher von China nach Deutschland verschicken will. Um zu wissen, wie viele Container du brauchst oder wie viel es kosten wird, musst du eine klare Vorstellung von der Größe und dem Volumen haben, den deine Ware einnehmen wird. Durch die Verwendung von TEUs können Reedereien, Hafenbetreiber und Handelsunternehmen leicht kommunizieren und planen. Außerdem, wenn du in den Nachrichten hörst, dass ein Containerschiff eine Kapazität von 20.000 TEUs hat, kannst du dir jetzt vorstellen, dass es den Raum für 20.000 20-Fuß-Container bietet! Das ist eine Menge Platz für viele Fernseher, Sneakers, Kleidung und was auch immer du dir vorstellen kannst.

Kurz gesagt, TEU ist ein cooles Konzept, das hilft, die komplexe Welt des globalen Handels ein bisschen einfacher und verständlicher zu machen. Es ist ein Standard, der hilft, die Dinge auf der ganzen Welt reibungslos am Laufen zu halten.

Third-Party-Logistik (3PL): Das verlängerte Armprinzip in der Logistik

Okay, stellen wir uns vor, du hast ein cooles neues Start-up gegründet, das Skateboards verkauft. Jetzt kommen Bestellungen aus der ganzen Welt, und du stehst vor einer Herausforderung: Wie verschickst du all diese Skateboards? Und wo lagerst du sie, bis sie verkauft werden? Das alles selbst zu machen wäre ziemlich aufwendig, und vielleicht möchtest du dich lieber auf das Design und den Verkauf der Skateboards konzentrieren.

Genau hier kommt die Third-Party-Logistik, oft einfach als 3PL bezeichnet, ins Spiel. Anstatt all diese logistischen Aufgaben selbst zu erledigen, könntest du sie an ein anderes Unternehmen auslagern, das sich genau darauf spezialisiert hat. Dieses Unternehmen, der 3PL-Anbieter, kümmert sich dann um Lagerung, Transport, Verpackung und manchmal sogar um die Retourenabwicklung deiner Produkte. Das ist, als würdest du einen verlängerten Arm haben, der sich um all die komplizierten Details im Hintergrund kümmert, während du dich auf das konzentrieren kannst, was du am besten kannst.

Viele große und auch kleine Unternehmen nutzen heute 3PL-Dienstleister, weil es effizient und oft kostengünstiger ist. Stell dir vor, du müsstest nicht nur einen Lagerplatz finden und mieten, sondern auch noch Mitarbeiter einstellen und schulen, Lkws organisieren und den gesamten Versand überwachen. Das wäre viel Arbeit, oder? Ein 3PL-Anbieter hat bereits all diese Ressourcen und das Know-how und kann dir helfen, deinen Skateboard-Verkauf reibungslos und professionell abzuwickeln.

Kurz gesagt, 3PL ist wie ein Hinter-the-Scenes-Zauberer, der sicherstellt, dass alles reibungslos läuft, sodass du dich auf das Große Ganze konzentrieren kannst!

Track and Trace: Wie dein Paket zum Social-Media-Star wird

Kennst du das Gefühl, wenn du online etwas richtig Cooles bestellt hast und dann stündlich deinen Lieferstatus überprüfst, weil du es kaum erwarten kannst? Das verdanken wir dem "Track and Trace"-System.

Track and Trace ist quasi das Instagram deines Pakets. Stell dir vor, dein Paket postet Selfies von all seinen Stationen: "Hier bin ich im Lager!", "Jetzt bin ich im Lieferwagen auf dem Weg zu dir!" oder "Ich bin gleich da!". So ähnlich funktioniert Track and Trace, nur ohne die Selfies. Das System ermöglicht es dir, in Echtzeit zu sehen, wo sich dein Paket gerade befindet und wann es voraussichtlich bei dir ankommt. Aber wie funktioniert das eigentlich? Jedes Paket bekommt beim Verlassen des Lagers einen einzigartigen Barcode oder einen RFID-Chip. Dieser Code wird an verschiedenen Punkten seines Reiseabenteuers gescannt – im Lager, beim Verladen in den Lieferwagen, bei Zwischenstopps und schließlich, wenn es bei dir ankommt. Jedes Mal, wenn dieser Code gescannt wird, werden die Informationen in ein zentrales System hochgeladen, und du kannst die aktuellen Daten in Echtzeit über eine Website oder App abrufen. Das Tolle daran? Du bist immer auf dem Laufenden und kannst besser planen. Du weißt, ob du zu Hause sein musst, um das Paket entgegenzunehmen, oder ob du noch Zeit hast, kurz einkaufen zu gehen. Es reduziert auch die Unsicherheit und die "Was-wäre-wenn"-Gedanken: "Was, wenn es verloren geht?" oder "Was, wenn es zu spät kommt?". Track and Trace ist also nicht nur praktisch, sondern gibt uns auch ein beruhigendes Gefühl. In einer Zeit, in der wir gewohnt sind, alles und jeden online zu verfolgen (danke, Social Media!), ist es nur logisch, dass wir auch unsere Pakete auf ihrer Reise verfolgen wollen. Es ist, als würde man einer spannenden Geschichte folgen, mit dem Höhepunkt, wenn das Paket schließlich vor deiner Tür steht.

Transit: Dein Paket auf Weltreise

Stell dir vor, du machst eine Rundreise durch mehrere Länder, aber du verbringst in keinem dieser Länder wirklich Zeit, weil dein Hauptziel ein ganz anderes Land ist. Genau das passiert mit Waren und Gütern im Transitverfahren.

"Transit" bezeichnet den Vorgang, bei dem Waren durch ein oder mehrere Länder transportiert werden, ohne dass in diesen Ländern Zölle oder Steuern fällig werden, weil das Endziel ein anderes Land ist. Es ist, als würdest du auf einer Reise deinen Rucksack durch verschiedene Länder tragen, ohne ihn wirklich auszupacken, bis du an deinem eigentlichen Ziel ankommst. Nehmen wir ein Beispiel: Du bestellst ein cooles neues Gadget aus Japan, und es wird über Russland und Polen nach Deutschland geliefert. Während dieser Reise durchquert dein Paket diese Länder, wird aber nicht dort versteuert oder verzollt, weil es letztlich für dich in Deutschland bestimmt ist. Erst wenn es die deutsche Grenze erreicht, werden mögliche Steuern und Zölle fällig. Dieses System erleichtert den internationalen Handel enorm. Stell dir vor, für jedes Land, das eine Ware durchquert, müssten Steuern oder Zölle gezahlt werden. Das würde nicht nur kompliziert, sondern auch teuer werden! Es gibt natürlich Regeln und Vorschriften, die beachtet werden müssen. Die Waren im Transit müssen oft speziell gekennzeichnet und dokumentiert werden, damit alles reibungslos läuft.

Das Coole daran? Als Konsument bedeutet das für dich, dass du Zugang zu Produkten aus der ganzen Welt hast, ohne dass diese unnötig teuer werden, nur weil sie ein paar Länder auf ihrer Reise "besucht" haben. Es ist, als würde man die Autobahn nehmen, um schnell von Punkt A nach Punkt B zu gelangen, ohne durch jede kleine Stadt dazwischen zu fahren. Und so kann dein Paket, ähnlich wie ein Weltenbummler, viele Orte sehen, bevor es endlich bei dir zu Hause ankommt.

Transportauftrag: Der Reiseplan deiner Ware

Okay, stell dir vor, du möchtest in den Sommerferien mit deinen Freunden nach Barcelona reisen. Du würdest nicht einfach blind in den nächsten Zug steigen und hoffen, am richtigen Ort anzukommen, oder? Stattdessen planst du im Voraus: Du suchst nach Zugverbindungen, buchst Tickets, überlegst, wie du vom Bahnhof zum Hotel kommst, und so weiter. Kurz gesagt, du machst einen "Reiseplan". Genau so funktioniert auch ein Transportauftrag in der Logistik. Nur anstatt einer Reise von Menschen handelt es sich um den "Reiseplan" für Waren oder Produkte. Wenn ein Unternehmen zum Beispiel 100 Fernseher von Berlin nach Madrid verschicken möchte, beauftragt es ein Transportunternehmen damit. Dieser Auftrag, die Ware von einem Punkt zum anderen zu transportieren, nennt man Transportauftrag.

In diesem "Reiseplan" für die Ware sind wichtige Details festgehalten, wie:

1. Was wird transportiert? - In unserem Beispiel sind es 100 Fernseher.
2. Wo ist der Startpunkt und wo das Ziel? - Von Berlin nach Madrid.
3. Bis wann muss die Ware am Zielort sein? - Vielleicht gibt es ein festes Lieferdatum.
4. Welche Besonderheiten gibt es? - Müssen die Fernseher beispielsweise besonders sicher verpackt oder vor Stößen geschützt werden?

Der Transportauftrag ist also ein zentrales Dokument, das sicherstellt, dass die Ware sicher, pünktlich und in gutem Zustand am Zielort ankommt. Er definiert auch die Verantwortlichkeiten: Wenn etwas schief geht (z.B. wenn ein Fernseher beschädigt wird), kann man im Transportauftrag nachsehen, wer wofür verantwortlich ist.

Kurz gesagt, ein Transportauftrag ist wie ein ausführlicher Reiseplan für Waren, der sicherstellt, dass alles reibungslos verläuft, während sie ihre eigene kleine "Europareise" machen.

Transporter: Mehr als nur ein großer Kasten auf Rädern

Du hast sicherlich schon mal einen dieser großen Kastenwagen auf der Straße gesehen, die oft von Handwerkern, Lieferdiensten oder Umzugsfirmen genutzt werden. Diese Kastenwagen werden allgemein als "Transporter" bezeichnet.

Aber warum sind sie so beliebt? Nun, Transporter sind echte Multitalente! Sie sind größer als normale Autos, haben aber nicht die riesigen Ausmaße von Lastwagen. Das macht sie ideal, um größere Mengen von Waren oder Materialien zu transportieren, ohne gleich einen Lkw-Führerschein zu benötigen. Denk mal an einen typischen Umzug: Man hat Möbel, Kisten und all die anderen Dinge, die von A nach B transportiert werden müssen. Ein normaler PKW wäre viel zu klein, aber ein riesiger Lkw wäre übertrieben. Hier kommt der Transporter ins Spiel! Er bietet genau die richtige Menge an Platz, um alle Habseligkeiten aufzunehmen und sie sicher an den neuen Ort zu bringen. Oder stelle dir einen Handwerker vor, der Werkzeuge, Materialien und vielleicht auch Ersatzteile mit sich führen muss. Ein Transporter bietet genug Raum, um all das geordnet und griffbereit zu transportieren. Viele Unternehmen lassen ihre Transporter sogar individuell anpassen, mit Regalsystemen und anderen Einbauten, um alles übersichtlich und sicher zu verstauen. Aber nicht nur die Größe macht den Transporter so nützlich. Sie sind oft robust gebaut und können auch mal schwerere Lasten tragen. Zudem sind sie recht wendig und können leicht in städtischen Gebieten navigiert werden, wo größere Lkw Probleme haben könnten.

Kurz gesagt: Ein Transporter ist wie ein riesiger Rucksack auf Rädern – perfekt, um eine Menge Zeug von einem Ort zum anderen zu bringen, ohne dabei unhandlich zu sein. Egal, ob du eines Tages umziehst, ein Handwerksunternehmen gründest oder einfach nur etwas Großes transportieren musst – es gibt gute Chancen, dass ein Transporter dein bester Freund sein wird!

Transportmittel: Die Adern unserer modernen Welt

Stell dir vor, du wachst morgens auf und deine Cornflakes-Packung ist leer. Kein Problem, oder? Gehst du eben zum nächsten Supermarkt und kaufst eine neue. Aber hast du jemals darüber nachgedacht, wie diese Cornflakes überhaupt in den Supermarkt kommen? Die Antwort liegt in den Transportmitteln, die wir nutzen, und die sind überall um uns herum.

Transportmittel sind im Grunde alle Fahrzeuge oder Geräte, mit denen Menschen, Tiere oder Waren von einem Ort zum anderen gebracht werden können. Das reicht vom einfachen Fahrrad bis hin zum riesigen Containerschiff. Sie sind der Grund, warum du morgens frische Brötchen beim Bäcker kaufen oder online bestellte Produkte am nächsten Tag in den Händen halten kannst.

Denk nur mal an die verschiedenen Transportmittel, die du jeden Tag siehst oder nutzt: Busse, die uns zur Schule oder Arbeit bringen; Züge, die durch das Land rauschen; Flugzeuge, die den Himmel kreuzen; oder Schiffe, die auf den Weltmeeren unterwegs sind. Sie alle sorgen dafür, dass unsere moderne Welt funktioniert, wie wir es gewohnt sind.

Jedes Transportmittel hat seine eigenen Vorteile. Fahrräder sind umweltfreundlich und perfekt für kurze Strecken in der Stadt. Autos bieten Flexibilität, wann und wohin man fahren möchte. Züge und Busse können viele Menschen gleichzeitig transportieren und sind oft eine kostengünstige Alternative. Flugzeuge überbrücken in wenigen Stunden riesige Distanzen, die man mit dem Auto in Tagen zurücklegen würde. Und Schiffe? Sie können riesige Mengen an Waren auf einmal transportieren – wie zum Beispiel die Bestandteile deiner Cornflakes.

Wichtig ist aber auch, dass wir uns Gedanken über die Umweltauswirkungen dieser Transportmittel machen. Viele von ihnen verbrauchen fossile Brennstoffe und tragen zur Erderwärmung bei. Daher ist es wichtig, nachhaltige Alternativen zu fördern, sei es durch Elektromobilität, verbesserte Logistik oder die Nutzung umweltfreundlicherer Verkehrsmittel.

Abschließend lässt sich sagen: Transportmittel sind eine wesentliche Säule unserer Gesellschaft und prägen unseren Alltag in vielerlei Hinsicht. Ohne sie wären viele Dinge, die wir heute für selbstverständlich halten, gar nicht möglich. Es lohnt sich also, sich ab und zu Gedanken darüber zu machen, wie unsere Waren und wir selbst von A nach B kommen.

Umschlagplatz: Wo Waren auf Reisen gehen

Du hast sicherlich schon einmal eine Reise gemacht, bei der du zwischen verschiedenen Verkehrsmitteln wechseln musstest. Vielleicht bist du mit dem Bus zum Bahnhof gefahren, dann in den Zug gestiegen und später am Zielort mit einem Taxi weitergefahren. In der Welt der Waren und Güter gibt es ähnliche "Umsteigepunkte", und diese nennen wir Umschlagplätze.

Ein Umschlagplatz ist im Grunde ein Ort, an dem Waren von einem Transportmittel auf ein anderes umgeladen werden. Stell dir vor, es kommen Waren aus Übersee in einem großen Containerschiff an. Diese Waren müssen dann aber weiter ins Landesinnere, vielleicht per Lkw oder Bahn. Der Hafen, an dem das Schiff anlegt und die Waren auf andere Transportmittel verteilt werden, ist ein solcher Umschlagplatz.

Es gibt viele verschiedene Arten von Umschlagplätzen: Häfen (für Schiffe), Bahnhöfe (für Züge), Flughäfen (für Flugzeuge) und Logistikzentren (für Lkw und Vans). Manchmal werden diese Umschlagplätze auch als "Hubs" bezeichnet, weil sie zentrale Knotenpunkte im Transportnetzwerk sind.

Der Vorteil von Umschlagplätzen ist ihre Effizienz. Anstatt dass jedes einzelne Produkt individuell von A nach B transportiert wird, können Waren in großen Mengen an einem Ort gesammelt und dann gemeinsam weitertransportiert werden. Das spart Zeit, Kosten und oft auch Umweltauswirkungen.

Allerdings gibt es auch Herausforderungen: Umschlagplätze müssen gut organisiert sein, damit es nicht zu Verzögerungen kommt. Wenn z.B. ein Container im Hafen nicht rechtzeitig abgeholt wird, kann das zu Staus und Verzögerungen im gesamten System führen.

Für dich als Konsumenten bedeutet ein gut funktionierender Umschlagplatz, dass du deine online bestellten Produkte schneller in den Händen hältst oder dass die Regale im Supermarkt immer gut gefüllt sind. Denn irgendwo auf ihrem Weg zu dir haben diese Produkte mit hoher Wahrscheinlichkeit einen oder mehrere Umschlagplätze durchlaufen.

Zusammengefasst sind Umschlagplätze also wie die großen Bahnhöfe oder Flughäfen für Waren: Orte, an denen Güter ihre "Reiseroute" wechseln und sicherstellen, dass alles reibungslos zu seinem Bestimmungsort gelangt.

Verladung: Das große Umpacken

Stell dir vor, du packst für einen Campingausflug. Du hast all dein Zeug auf deinem Bett verteilt: Schlafsack, Zelt, Kochzeug, Kleidung. Aber bevor du losziehen kannst, musst du alles in deinen Rucksack packen, sodass es sicher verstaut ist und du es bequem tragen kannst. Das ist im Grunde genommen eine Art der "Verladung", nur auf persönlicher Ebene.

In der Welt der Logistik und des Transports ist die Verladung ein entscheidender Schritt. Es geht darum, Waren, Produkte oder Güter so auf ein Transportmittel zu laden, dass sie sicher und effizient an ihr Ziel kommen. Ob es sich um einen Lkw, ein Schiff, ein Flugzeug oder einen Zug handelt, die Art und Weise, wie Dinge verladen werden, hat großen Einfluss darauf, wie schnell und unbeschädigt sie ankommen.

Bei der Verladung muss auf vieles geachtet werden. Zum einen geht es um die Sicherheit: Wie können schwere oder zerbrechliche Güter so verpackt und verstaut werden, dass sie den Transport überstehen? Dies könnte bedeuten, dass schwere Gegenstände unten und leichtere oben platziert werden. Oder es könnte besondere Verpackungsmaterialien erfordern, um zerbrechliche Artikel zu schützen.

Aber es geht auch um Effizienz. Ein Lkw oder ein Containerschiff hat nur begrenzten Platz. Wenn du jemals versucht hast, einen kleinen Koffer für einen langen Urlaub zu packen, weißt du, wie wichtig es ist, jeden verfügbaren Raum optimal zu nutzen. Genauso müssen Spediteure ihre Ladung so organisieren, dass sie so viel wie möglich in jeden Transport hineinbekommen, ohne dass etwas beschädigt wird.

Schließlich gibt es auch gesetzliche Vorschriften für die Verladung. Bestimmte Gefahrgüter dürfen z.B. nicht zusammen mit anderen Waren verladen werden, und es gibt Gewichtsgrenzen für Lkws und Züge, die nicht überschritten werden dürfen.

Die Verladung mag vielleicht wie ein einfacher Schritt erscheinen – einfach alles in einen Lkw werfen und losfahren. Aber in Wirklichkeit ist es eine Kunst und Wissenschaft für sich, die dafür sorgt, dass unsere Waren sicher, schnell und effizient von einem Ort zum anderen gelangen. So wie du deinen Rucksack packst, um alles Nötige für deinen Campingausflug dabei zu haben, sorgen Spediteure und Logistikexperten dafür, dass alles, was wir kaufen oder bestellen, korrekt "verpackt" und zu uns transportiert wird.

Verpackung: Mehr als nur eine Hülle

Hast du jemals ein Geschenk bekommen und dich erstmal eine Minute mit der Verpackung beschäftigt, bevor du überhaupt daran gedacht hast, es zu öffnen? Verpackungen können spannend, schön oder manchmal auch ziemlich nervig sein. Aber warum sind sie überhaupt so wichtig?

In der Welt des Kaufens und Verkaufens spielen Verpackungen eine riesige Rolle. Sie sind nicht nur dazu da, ein Produkt zu schützen, sondern erzählen auch eine Geschichte über das Produkt und die Marke dahinter. Jedes Mal, wenn du im Supermarkt stehst und überlegst, welches Produkt du aus dem Regal nehmen sollst, beeinflusst die Verpackung unbewusst deine Entscheidung. Ist sie umweltfreundlich? Sieht sie teuer oder preiswert aus? All diese Fragen beantworten wir oft innerhalb von Sekunden, basierend auf der Verpackung.

Schutz ist natürlich die Hauptfunktion einer Verpackung. Sie bewahrt Lebensmittel davor, schlecht zu werden, schützt Elektronik vor Schäden und sorgt dafür, dass zerbrechliche Dinge heil bleiben. Aber heutzutage ist das nicht mehr genug. Verpackungen müssen auch umweltfreundlich sein, da viele Menschen sich mehr und mehr Sorgen um unseren Planeten machen. Niemand möchte einen Haufen Plastikmüll produzieren, nur weil er ein Sandwich gekauft hat.

Dann gibt es noch die Funktionalität. Einige Verpackungen sind so konzipiert, dass sie wiederverschließbar sind, andere haben Griffe zum leichteren Tragen oder sind stapelbar, um Platz zu sparen. Und natürlich gibt es auch die "smart" Verpackungen, die beispielsweise die Frische eines Produktes anzeigen können.

In der Logistik, also dem Bereich, der sich mit dem Transport von Waren befasst, ist die Verpackung entscheidend. Sie muss sicherstellen, dass Produkte von A nach B gelangen, ohne dass sie beschädigt werden oder verloren gehen. Und in Zeiten des Online-Shoppings, wo Pakete um die ganze Welt geschickt werden, ist eine robuste und sichere Verpackung wichtiger denn je.

Zusammenfassend lässt sich sagen, dass die Verpackung weit mehr ist als nur eine Hülle um ein Produkt. Sie schützt, informiert, beeinflusst und erzählt eine Geschichte. Das nächste Mal, wenn du ein Produkt in der Hand hältst, schau dir die Verpackung genauer an und überlege, was sie dir alles mitteilt. Es könnte spannender sein, als du denkst!

Versand: Die Reise deines Pakets

Stell dir vor, du bestellst dein erstes eigenes Smartphone online. Die Aufregung steigt, und du kannst es kaum erwarten, es in den Händen zu halten. Aber bevor das Gerät bei dir ankommt, geht es auf eine abenteuerliche Reise. Und diese Reise nennt man "Versand".

Beginnen wir beim Verkäufer. Sobald deine Bestellung eingeht, wird das Smartphone aus einem riesigen Lager geholt. Hier sind oft Tausende von Artikeln gelagert, und jedes einzelne muss schnell und sicher zu seinem neuen Besitzer gelangen. Nachdem das Smartphone gefunden wurde, kommt es in einen Karton, oft mit Luftpolsterfolie oder anderen Materialien, damit es während seiner Reise sicher bleibt. Jetzt beginnt der eigentliche Versand. Das Paket wird abgeholt, oft von großen Unternehmen wie DHL, UPS oder anderen Lieferdiensten. Es geht zuerst in ein Sortierzentrum, wo es mit vielen anderen Paketen zusammenkommt. Hier werden sie nach Zielort sortiert und dann weitertransportiert. Vielleicht fliegt dein Smartphone in einem Flugzeug über Ländergrenzen, oder es fährt in einem Lastwagen über Autobahnen. Je nachdem, wo du wohnst und woher das Paket kommt, kann diese Reise ein paar Stunden oder auch mehrere Tage dauern. Und schließlich, oft viel schneller, als man denkt, klingelt der Paketbote an deiner Tür und übergibt dir das langersehnte Paket. Die Reise, die mit einem Klick auf "Bestellen" begonnen hat, ist nun zu Ende. Doch hinter diesem Prozess steckt viel mehr, als man auf den ersten Blick sieht. Es gibt viele Menschen und Technologien, die sicherstellen, dass jedes Paket genau dort ankommt, wo es hin soll, und das möglichst schnell und sicher. In Zeiten des Online-Shoppings ist der Versand wichtiger denn je und hat sich zu einer echten Wissenschaft entwickelt. So, das nächste Mal, wenn du auf dein Paket wartest, denk daran, welche Reise es gerade hinter sich hat. Es ist fast so, als würde man einem Freund auf einer langen Reise folgen. Nur dass dieser Freund am Ende ein brandneues Smartphone ist!

Verzollung: Warum nicht alles einfach über die Grenze darf

Stell dir vor, du machst Urlaub in einem anderen Land und findest dort ein cooles Souvenir, dass du mit nach Hause nehmen möchtest. Oder du bestellst dir online ein T-Shirt aus den USA. Bevor diese Dinge jedoch ihre Reise zu dir antreten oder du sie mit nach Hause nehmen kannst, gibt es einen wichtigen Schritt, den sie oft durchlaufen müssen: die Verzollung. Die Verzollung ist quasi wie der Türsteher im Club, aber für Waren. Jedes Land hat bestimmte Regeln darüber, welche Waren ein- und ausgeführt werden dürfen und ob darauf Steuern oder Gebühren gezahlt werden müssen. Das hat verschiedene Gründe: Manche Produkte könnten die Gesundheit oder Umwelt gefährden, andere könnten die heimische Wirtschaft bedrohen oder es geht einfach darum, Steuern für den Staat zu sammeln. Sobald Waren die Grenze eines Landes überqueren wollen, prüfen Zollbeamte, ob alles mit den Regeln übereinstimmt. Sie schauen sich die Waren genau an, prüfen die mitgelieferten Dokumente und entscheiden dann, ob die Waren ins Land dürfen oder nicht. Wenn ja, wie viel Steuern oder Gebühren darauf gezahlt werden müssen. Für Unternehmen, die international handeln, ist die Verzollung eine große Herausforderung. Sie müssen genauestens wissen, welche Dokumente und Informationen sie benötigen, damit ihre Waren problemlos die Grenzen passieren können. Fehler können zu Verzögerungen führen und teuer werden. Als Privatperson wirst du meistens nur dann mit der Verzollung konfrontiert, wenn du etwas aus einem Nicht-EU-Land bestellst oder aus dem Urlaub mitbringst. Eventuell musst du dann zusätzliche Gebühren zahlen, wenn du dein Paket abholst. Kurz gesagt, die Verzollung ist der Prozess, der sicherstellt, dass Waren, die über Landesgrenzen gehen, alle Regeln und Gesetze des jeweiligen Landes befolgen. Es ist wie ein Checkpoint, der sicherstellt, dass alles in Ordnung ist, bevor es weitergeht. Es ist ein spannendes und komplexes Thema, das zeigt, wie verflochten und reguliert unsere globale Welt heute ist.

Vollgut: Was steckt dahinter?

Stell dir vor, du gehst in den Supermarkt und kaufst eine Flasche deines Lieblingsgetränks. Diese Flasche wird nicht nur ein einziges Mal genutzt, sondern kann viele Male wieder befüllt werden. Solche Mehrwegflaschen werden im Fachjargon als "Vollgut" bezeichnet.

Vollgut sind also im Prinzip Behälter – häufig Flaschen oder Kisten – die speziell dafür gemacht sind, mehrmals verwendet zu werden. Nachdem du dein Getränk genossen hast, gibst du die Flasche zurück, und sie macht sich auf den Weg zurück zur Abfüllanlage. Dort wird sie gereinigt, inspiziert und wieder befüllt, bevor sie erneut in den Handel gelangt.

Aber warum ist das überhaupt wichtig? Nun, das System hinter dem Vollgut ist ziemlich umweltfreundlich. Anstatt ständig neue Flaschen herzustellen und zu verwenden, was eine Menge Ressourcen kosten würde, können wir die gleichen Flaschen immer wieder nutzen. Das spart Materialien, Energie und reduziert Müll. Wenn du also das nächste Mal eine Mehrwegflasche in der Hand hältst, denk daran: Du trägst zu einem System bei, das darauf abzielt, unseren Planeten ein bisschen grüner zu machen.

Einige Flaschen können bis zu 50 Mal oder mehr wieder befüllt werden! Das ist nicht nur gut für die Umwelt, sondern kann auch für dich als Verbraucher vorteilhaft sein, da Mehrwegsysteme oft günstigere Preise oder Pfandrückgaben bieten.

Also, das nächste Mal, wenn du vor dem Getränkeregal stehst und zwischen einer Einweg- und einer Mehrwegflasche wählst, denke an das Konzept des Vollguts und überlege, welchen Beitrag du zur Umwelt leisten möchtest. Es ist eine einfache, aber wirkungsvolle Art, einen Unterschied zu machen!

Warenannahme: Das erste Hallo im Lager

Stell dir vor, du hast online etwas cooles bestellt – vielleicht ein neues Videospiel oder ein cooles T-Shirt. Doch bevor dieses Paket bei dir ankommt, hat es bereits eine spannende Reise hinter sich. Eine der ersten Stationen dieser Reise, wenn das Produkt im Lager des Verkäufers ankommt, nennt man "Warenannahme".

Die Warenannahme ist wie die Eingangstür eines Lagers. Hier kommen alle Produkte an, die später an Kunden wie dich verkauft werden. Aber es geht nicht einfach darum, die Ware ins Lager zu stellen und fertig. Nein, es gibt einen speziellen Prozess, der in der Warenannahme abläuft.

Zuerst wird die gelieferte Ware geprüft. Das bedeutet, Mitarbeiter schauen nach, ob die Lieferung komplett ist, ob alle Artikel in gutem Zustand sind und ob sie mit dem Lieferschein übereinstimmen. Es ist ein bisschen so, als würdest du zu Hause dein Paket öffnen und prüfen, ob alles drin ist, was du bestellt hast. Nach dieser Überprüfung werden die Artikel im Computersystem des Lagers erfasst. So weiß das Lager genau, was es auf Lager hat und wo es gelagert wird. Nach der Erfassung wird die Ware dann an ihren festen Platz im Lager gebracht, wo sie darauf wartet, bestellt und versandt zu werden.

Man könnte also sagen, die Warenannahme ist wie das Begrüßungskomitee für Produkte. Es stellt sicher, dass alles in Ordnung ist und bereitet die Produkte auf ihren weiteren Weg vor, sei es im Lager, im Geschäft oder direkt zu dir nach Hause.

Und wenn du das nächste Mal eine Lieferung erhältst, erinnere dich daran, dass die Produkte nicht einfach magisch auftauchen. Sie durchlaufen viele Schritte, und die Warenannahme ist einer der ersten und wichtigsten auf dieser Reise.

Warenwirtschaftssystem: Die digitale Gehirnzelle des Handels

Stell dir vor, du organisierst eine riesige Party. Du hast Snacks, Getränke, Musik, Beleuchtung und natürlich viele Gäste. Um sicherzustellen, dass alles reibungslos abläuft, brauchst du einen Plan: Wie viele Snacks und Getränke benötigst du? Wie organisierst du die Musik? Wie viele Stühle brauchst du?

Genau so, aber in viel größerem Maßstab, funktionieren Unternehmen, die Produkte verkaufen. Anstatt einer Party organisieren sie den täglichen Verkauf von Tausenden oder sogar Millionen von Artikeln. Und hier kommt das Warenwirtschaftssystem ins Spiel. Ein Warenwirtschaftssystem, oft einfach WWS genannt, ist wie das digitale Gehirn eines Unternehmens. Es überwacht den gesamten Warenfluss - vom Einkauf der Ware über die Lagerung bis hin zum Verkauf und Versand an den Kunden. Mithilfe eines WWS können Unternehmen ganz einfach herausfinden, wie viele Produkte sie noch auf Lager haben, welche Produkte am besten verkauft werden, wann es Zeit ist, neue Waren zu bestellen und vieles mehr. Es ist im Grunde genommen ein riesiges digitales Lagerbuch, das in Echtzeit aktualisiert wird. Durch die Nutzung von Warenwirtschaftssystemen können Unternehmen auch Fehler reduzieren. Wenn z.B. ein Produkt im Online-Shop ausverkauft ist, wird es automatisch als "nicht auf Lager" markiert, sodass Kunden nicht enttäuscht werden, wenn sie eine Bestellung aufgeben.

Außerdem hilft ein WWS dabei, den Überblick über Finanzen zu behalten. Es zeigt, wie viel Geld mit welchem Produkt verdient wurde, welche Produkte vielleicht im Preis gesenkt werden sollten oder welche besonders beliebt sind und vielleicht mehr beworben werden sollten. Für Unternehmen ist das WWS also wie ein Super-Organisator, der dafür sorgt, dass alles reibungslos läuft. Und für uns als Kunden bedeutet das, dass wir unsere gewünschten Produkte schneller, einfacher und zuverlässiger bekommen. Ein ziemlich cooles System, oder?

Wechselbehälter: Das praktische LEGO der Logistikwelt

Du kennst sicher LEGO-Steine, oder? Einfach zu stapeln, leicht auseinanderzunehmen und wieder neu zu kombinieren. Jetzt stell dir vor, Transportunternehmen könnten mit großen "LEGO-Boxen" spielen, die sie einfach auf LKW, Züge oder sogar Schiffe setzen könnten. Genau das ist die Idee hinter den Wechselbehältern.

Ein Wechselbehälter ist im Grunde eine riesige Kiste, in der Waren transportiert werden können. Das Besondere daran? Wenn der LKW am Zielort ankommt, kann der Wechselbehälter superschnell vom Fahrzeug abgestellt und durch ein anderes Fahrzeug aufgenommen werden, ohne dass die Waren selbst umgeladen. Das spart eine Menge Zeit!

Es ist also, als ob du einen LEGO-Stein hast, den du einfach von einem LEGO-Auto auf ein LEGO-Boot setzen kannst, ohne den Stein selbst zu öffnen oder die darin enthaltenen Minifiguren herauszunehmen.

Wechselbehälter sind also in der Logistikbranche total praktisch, weil sie den Transport von Waren viel flexibler und schneller machen. Sie sind eine coole Erfindung, die das Hin und Her von Waren in unserer modernen Welt erleichtert.

Zollanmeldung: Wenn Produkte den Pass zeigen

Du kennst sicher den Prozess, wenn du aus dem Urlaub zurückkommst und am Flughafen durch den Zoll gehst. Du musst vielleicht deinen Koffer öffnen oder erklären, was du dabeihast, insbesondere wenn es sich um etwas Wertvolles oder Ungewöhnliches handelt. Ähnlich ist es, wenn Waren zwischen verschiedenen Ländern transportiert werden. Nur, anstatt eines Reisepasses und eines persönlichen Gesprächs gibt es ein offizielles Dokument: die Zollanmeldung. Die Zollanmeldung ist quasi der „Reisepass" für Produkte. Sie gibt Auskunft darüber, was genau transportiert wird, woher es kommt, wohin es geht, welchen Wert es hat und aus welchem Material es besteht. All diese Informationen sind wichtig, denn Länder haben unterschiedliche Regeln darüber, welche Waren sie hereinlassen und wie viel Steuern oder Zollgebühren dafür zu zahlen sind.

Stell dir vor, du möchtest eine besondere Sorte Schokolade aus der Schweiz bestellen. Bevor diese Schokolade zu dir nach Hause geliefert wird, muss sie durch den Zoll. Das Unternehmen, das die Schokolade verschickt, füllt eine Zollanmeldung aus, um sicherzustellen, dass alles korrekt und legal ist. Der Zoll überprüft dann diese Anmeldung, stellt fest, ob Steuern oder Gebühren anfallen und gibt die Schokolade schließlich frei. Das Ganze kann manchmal etwas kompliziert sein, besonders wenn es um große Mengen oder sehr wertvolle Güter geht. Aber durch dieses System stellen die Länder sicher, dass sie ihre Wirtschaft schützen, ihre Bürger sicher sind und alle fairen Handel betreiben. Ohne eine korrekte Zollanmeldung kann es also passieren, dass Waren nicht ins Land gelassen werden oder Strafen anfallen. Es ist also so, als würdest du versuchen, ohne Pass oder Visum in ein anderes Land zu reisen – das würde sicherlich für einige Probleme sorgen! Kurz gesagt, die Zollanmeldung ist ein wesentlicher Schritt im internationalen Handel, um sicherzustellen, dass alles seine Ordnung hat und reibungslos abläuft.

Zolldeklaration: Wenn Produkte erzählen, woher sie kommen

Kennst du den Moment, wenn du aus einem Urlaub im Ausland zurückkehrst und an dieser speziellen Stelle am Flughafen stehst, an der entschieden wird, ob du etwas zu verzollen hast oder nicht? Nun, Unternehmen, die Waren über Ländergrenzen hinweg verschicken, stehen vor einer ähnlichen Situation. Nur statt einem kurzen Gespräch mit einem Zollbeamten müssen sie ein formelles Dokument ausfüllen: die Zolldeklaration. Die Zolldeklaration ist im Grunde wie ein Steckbrief für Produkte. Sie beschreibt, was genau in einem Paket oder Container steckt, woher es kommt, welchen Wert es hat, und manchmal sogar, aus welchen Materialien es gemacht ist. Das alles ist notwendig, weil jedes Land seine eigenen Regeln darüber hat, welche Waren es hereinlässt und wie viel Steuern oder Zoll darauf erhoben werden.

Stell dir vor, du kaufst dir ein cooles T-Shirt aus einem Onlineshop in den USA. Bevor das Shirt zu dir nach Hause kommt, muss es durch den Zoll. Der Shop muss dafür eine Zolldeklaration ausfüllen. Diese "erzählt" dem Zoll quasi die Geschichte des T-Shirts: Wo wurde es hergestellt? Wie viel hat es gekostet? Und so weiter. Für dich als Käufer ist das meistens unsichtbar, es sei denn, du musst bei der Lieferung noch Zollgebühren bezahlen. Aber für Unternehmen ist das ein sehr wichtiger Prozess. Wenn sie Fehler in der Zolldeklaration machen, kann das zu Verzögerungen, Strafen oder sogar dazu führen, dass die Ware gar nicht erst ins Land gelassen wird.

Also, das nächste Mal, wenn du etwas aus einem anderen Land bestellst, denk daran: Es gibt ein ganzes Dokument, das die "Lebensgeschichte" dieses Produkts erzählt, bevor es in deinen Händen landet. Und dieses Dokument heißt Zolldeklaration. Es stellt sicher, dass alles mit rechten Dingen zugeht, wenn Produkte über Ländergrenzen hinweg reisen.

Zolllager: Die Wartehalle für internationale Waren

Stell dir vor, du machst eine riesige Party und Freunde aus aller Welt kommen zu Besuch. Aber anstatt sie direkt in dein Wohnzimmer zu lassen, bittest du einige von ihnen, kurz im Flur zu warten, bis du alles gecheckt hast. Dieser "Flur" ist in der Welt der internationalen Warenlieferungen das, was man ein Zolllager nennt.

Ein Zolllager ist im Grunde genommen ein geschützter Bereich, in dem importierte Waren gelagert werden können, ohne dass sofort Zölle oder Steuern dafür bezahlt werden müssen. Das ist super praktisch, denn Unternehmen können so Zeit gewinnen, bis sie entscheiden, was genau sie mit den Waren machen möchten: Verkaufen? Weiterverarbeiten? Oder vielleicht doch wieder exportieren?

Das coole daran ist, dass während die Waren im Zolllager sind, die Uhr für Zölle und Steuern quasi stillsteht. Erst wenn die Waren das Lager verlassen und offiziell in das Land "eintreten", wird es Zeit, den fälligen Betrag zu bezahlen. Für Unternehmen bietet das Flexibilität und kann auch finanzielle Vorteile haben.

Aber nicht jeder kann einfach so ein Zolllager eröffnen. Es gibt strenge Regeln und Überwachungen, schließlich geht es um Steuern und um den Schutz des heimischen Marktes. Und genau wie in deinem Flur, wo du sicherstellen möchtest, dass alles in Ordnung ist, bevor deine internationalen Gäste weitergehen, sorgt das Zolllager dafür, dass bei internationalen Lieferungen alles nach Plan läuft.

Zustellung: Der Endspurt deiner Online-Bestellung

Stell dir vor, du sitzt zu Hause und wartest gespannt auf das neue Paar Schuhe oder das Videospiel, das du online bestellt hast. Dieser letzte Schritt, bei dem deine Bestellung tatsächlich in deinen Händen landet, ist die Zustellung.

Die Zustellung ist das finale Glied in der Lieferkette, und obwohl es vielleicht so aussieht, als ob es der einfachste Teil wäre, ist es oft einer der komplexesten. Warum? Weil es um Präzision geht. Zusteller müssen in kurzer Zeit viele Pakete an verschiedene Adressen bringen, und das möglichst effizient und fehlerfrei.

Es ist wie bei einem Puzzle: Das Lieferfahrzeug muss so beladen sein, dass die Pakete, die zuerst ausgeliefert werden sollen, auch leicht zugänglich sind. Der Fahrer muss den schnellsten und effizientesten Weg kennen, besonders in Städten, wo Staus oder Baustellen den Zeitplan durcheinanderbringen können.

Und dann gibt's noch uns – die Empfänger. Manchmal sind wir nicht zu Hause, manchmal gibt es Probleme mit der angegebenen Adresse oder das Paket ist beschädigt. Zusteller müssen in all diesen Fällen schnell Entscheidungen treffen: Sollen sie das Paket beim Nachbarn abgeben? Sollen sie es später noch einmal versuchen? Oder sollen sie eine Nachricht hinterlassen, damit du es selbst abholst?

Obwohl die Zustellung nur ein kleiner Teil des gesamten Prozesses ist, wenn du etwas online kaufst, ist sie superwichtig. Denn was nützt das coolste Produkt, wenn es nie bei dir ankommt? Zusteller sind also die Helden des Alltags, die sicherstellen, dass unsere Bestellungen den Weg zu uns finden – und das meistens pünktlich, trotz all der Herausforderungen auf dem Weg.

Danksagung

Zuerst und vor allem möchte ich meinen Eltern danken. Ihr habt immer an mich geglaubt, selbst in den herausforderndsten Zeiten, sei es beim Erlernen von Lesen und Schreiben oder bei meinem Austritt aus der Kirche. Eure unerschütterliche Unterstützung hat mich zu dem Menschen gemacht, der ich heute bin.

Ein besonderer Dank geht an meine Frau Michaela. Du bist nicht nur meine große Liebe, sondern auch meine beste Freundin. Danke, dass du mir den Raum gibst, den ich brauche, und immer an meiner Seite bist.

Ich danke auch allen, die an mich geglaubt haben und mich auf diesem Weg begleitet haben. Eure Ermutigung hat mir Kraft gegeben.

Ironischerweise danke ich auch denen, die nicht an mich geglaubt und sich über meine Träume lustig gemacht haben. Ihr habt mir gezeigt, dass ich trotz Widerständen weitermachen kann.

Schließlich danke ich meinen Mentoren. Die Zeit, die wir gemeinsam verbracht haben, die kontroversen Diskussionen und die unterschiedlichen Perspektiven, die wir geteilt haben, waren für mich von unschätzbarem Wert.

Last but not least, danke ich von Herzen all den Menschen, mit denen ich wundervolle Momente geteilt habe. Diejenigen, die mein Herz berührt haben und denen ich im Gegenzug auch Freude und Wärme bringen konnte. Für eure Authentizität und die gemeinsam verbrachte Zeit bin ich zutiefst dankbar.

Stichwortverzeichnis